豐富的蛋白質和營養素是減醣最強後盾！

雞蛋減重

監修／今野裕之
料理指導／平岡淳子
譯者／余亮誾

目次

做料理前要先知道的
雞蛋烹調・ABC

雞蛋不僅營養豐富，還可以搭配任何食材，烹調方式也簡單。
此外，價錢也算親民。是我們飲食生活中不可或缺的食材。
雖然是唾手可得的食材，我們卻對它不是很熟悉。
在料理開始前，先複習一下雞蛋的基本處理方式吧！

蛋的敲法

敲打側邊

你會怎麼敲蛋呢？

有些人打蛋會利用容器邊緣、流理臺邊角等地方。不
過，那是不對的！因為會讓蛋殼裂得太細碎，可能會掉進
蛋裡。

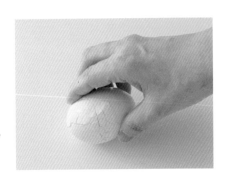

敲蛋時，應該用側邊。這樣會出現放射狀較大的裂痕，
可以打出完美的蛋。此外，敲打時的力道，不需要太大。
只要讓蛋殼出現裂痕的力道即可。從裂痕剝開，就能打出
完美的蛋。

蛋的攪拌方式 1

保留蛋白塊狀的攪拌方式

切拌是能保留蛋白果凍狀部分的攪拌方式。

筷子稍微分開且立著，用筷子前端抵著容器底部，左
右移動打散蛋液。這個方式能攪散蛋黃，卻攪不散蛋白，
保留果凍狀蛋白。由於蛋白與蛋黃的凝固溫度不同，加熱
後會在蛋白處形成氣孔，產生滑嫩口感。

適合用於煎蛋捲、滑蛋等等的料理。

蛋的攪拌方式 2

打散蛋白的果凍狀

打散蛋白的果凍狀，和蛋黃確實混在一起，就要用切離蛋筋混合的方法。

先用攪拌方式I的方式，讓筷子前端抵著容器底部，左右移動打散蛋黃。接著，反覆用筷子撈起果凍狀的蛋白並切離，讓蛋黃和蛋白充分混合。也可以使用叉子或是小型打蛋器打散。

切離蛋筋打散的方式**適合用於想呈現滑嫩口感的半熟蛋包或茶碗蒸、受熱均勻的薄蛋皮等**。此外，不喜歡果凍狀蛋白的讀者也可以嘗試這種方式。

處理蛋的注意事項

不要清洗

現在的蛋幾乎都是清洗完畢後才出貨。看到蛋殼表面殘留髒汙，或許有人會忍不住拿去洗。不過，**只要一洗，細菌跟水就可能會從蛋殼上的氣孔進入蛋裡**。所以，請不要清洗。如果覺得髒，不妨輕輕擦拭。

蛋不需恢復常溫

食譜上常常看到要讓蛋回歸常溫狀態。像是做白煮蛋時，如果將剛從冰箱取出的蛋放入熱水，就會因為蛋的內外溫度差，導致外部（蛋白）急速凝固而膨脹，讓蛋裂開、蛋白溢出。**要放入熱水時，的確讓蛋恢復到常溫會較理想。不過，若是要放入冷水中，即使是剛從冰箱拿出來的蛋也無妨。**

請避免事先打蛋

蛋是利用外殼防止細菌入侵，請避免事先打好很多蛋冰在冰箱保存。**要使用時再打蛋，有多打的蛋也請盡快使用完畢吧！**如果真的有多的蛋，雖然也可以冷凍，不過請避免生食，必須加熱後食用。

第 1 章

只要有蛋，
肚子餓的時候就能馬上享用

提到蛋，就會讓人想到配菜。不過，烹調簡單，短時間內就能享用的特性，其實很適合當作點心。接下來會介紹用更簡單的方式製作美味的水煮蛋、蛋包等等的基本雞蛋料理。尤其是水煮蛋便於攜帶，如果能活用於便當或是點心，也有助於戒除吃零食的習慣。

【 微熟蛋
加熱時間… 7～8分 】　　【 半熟蛋
加熱時間… 約10分 】　　【 全熟蛋
加熱時間… 約12分 】

●作法

從冰箱拿出的蛋也OK。將蛋放入鍋子，放入約1cm高的水。

蓋上蓋子（適合鍋子大小）後開火。沸騰後轉小火，隨個人喜好加熱（蛋黃會流動7～8分、蛋黃半熟約10分、全凝固約12分）。

加熱後馬上放在冷水冷卻。

剝殼時，敲打側邊使蛋殼裂出細痕，在水中剝殼會比較好剝。（平岡）

用少量的水蒸煮水煮蛋。

因為不需煮沸，短時間內就能完成。

不用水煮的水煮蛋

●材料（便於製作的分量）

蛋 … 4～6顆

＊配合鍋子大小

（蛋1顆）	
醣量	**0.1**g
蛋白質量	**6.2**g

改變調味，讓每天都能開心享用

水煮蛋沾醬

芥籽醬＋辣味
將美乃滋加上芥籽醬、黃芥末醬、芥末醬等混合。

鹽＋香草
建議選用容易取得、方便的市售香草鹽。如果是用自己喜歡的天然鹽，再混入乾燥後的迷迭香、羅勒等喜愛的香草，會讓風味更迷人。

美乃滋＋漬物
將切碎的泡菜拌入美乃滋。也可用醋漬品、米糠醬菜、醃蘿蔔等。

鹽＋辛香料等
照片是松露鹽。也推薦鹽加一味唐辛子、七味唐辛子、咖哩粉、抹茶、芝麻等。

（蛋1顆）

醣量	0.6g
蛋白質量	6.8g

高湯醬油也可使用市售商品。浸泡半天左右就能享用。

調味蛋

● 材料（便於製作的分量）

水煮蛋 … 4顆

高湯醬油（市售）… 2～3大匙

● 作法

① 水煮蛋剝殼。

② 在保鮮袋裡放入高湯醬油、①的部分。去除空氣，封緊袋口，於冰箱靜置半天。

＊醃漬太久會過鹹，建議浸泡半天後取出，移到其他保存容器。置於冰箱的保存期限大約3天。（平岡）

以柚子風味的味噌醃漬。是香氣迷人的調味蛋。

味噌風味水煮蛋

●材料（2人份）

柚子味噌調醬（便於製作的分量）

柚子皮（磨碎）… 1/4顆

粗粒胡椒 … 少許

味噌 … 100g

酒 … 2大匙

三溫糖 … 1大匙

水煮蛋 … 2 ～ 4顆

西洋芹、小番茄（依個人喜好）… 適量

（蛋1顆）	
醣量	**3g**
蛋白質量	**7.7g**

●作法

① 將柚子味噌調醬的材料全部混合。

② 水煮蛋剝殼，將每顆蛋塗上約1/2大匙的柚子味噌。靜置冰箱（醃漬2小時至2天左右）。

③ 依個人喜好佐以西洋芹薄片、小番茄。也適合做為便當菜。（夏梅）

平底鍋1～2分就能完成，不只早餐，也適合當點心。

炒蛋

●材料(1人份)

蛋 … 3顆

鮮奶油(或鮮奶)… 1大匙

鹽、胡椒 … 各少許

奶油 … 15g

●作法

準備

將蛋打入大碗後攪散，放入鮮奶油、鹽、胡椒
後充分混合。

1

直徑18cm左右的小平底鍋以中火加熱。放入奶油，溶化後轉小火。放入蛋液。

2

以小火加熱數秒，待邊緣凝固後，用筷子慢慢從外到內大幅度攪拌。

3

2反覆幾次後，炒蛋就會出現厚度。半熟左右就關火，盛盤。依個人喜好趁熱於上方撒上配料(P10的照片是撒上番茄以及披薩用起司)。(平岡)

改變配料，
讓每天都能開心享用
炒蛋配料

魩仔魚
些許鹹味也可以當作炒蛋的調味。此外，也推薦鮪魚、鮭魚卵、鹽漬鮭魚肉末、鱈魚、鱈魚卵等。

去殼毛豆
不妨透過配料補足蛋所缺乏的維生素C。也推薦番茄、蘿蔔嬰、芽菜、珠蔥花等等。

起司
可以讓味道更豐富、濃厚。起司除了披薩用起司、奶油起司外，也適合古岡左拉起司等等富有個性的起司。

醣量　　　　**1.1g**
蛋白質量　　**18.9g**

＊上述營養成分不包含搭配的蔬菜

用平底鍋就能輕鬆完成，營養滿分，是蛋料理的基本餐點。不妨學起來！

原味蛋包

● 材料（1人份）

蛋 … 3顆

鮮奶油（或鮮奶）… 1大匙

鹽、胡椒 … 各少許

奶油 … 15g

● 作法

準備

將蛋打入大碗後攪散，放入鮮奶油、鹽、胡椒後充分混合。

直徑18cm左右的小平底鍋以中火加熱，放入奶油溶化。轉中小火，放入蛋液。靜置數秒，待邊緣凝固後，用筷子慢慢從外到內大幅度攪拌。

反覆由外到內大幅度攪拌，將蛋推到一旁。

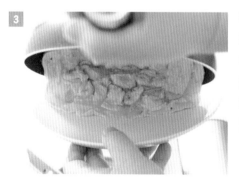

等到半熟程度後，盛裝蛋包（盛盤時可用平底鍋蓋住器皿）。如果希望形狀好看，可以用廚房紙巾包覆塑形。（平岡）

想在蛋包中放入配料時

將配料放入蛋液。若是拌炒後的配料，即使有熱度也可直接放入。

製作蛋包的方式和左邊的作法相同。如果因配料而難以塑形，不妨改用半月形等形狀。

●材料（1人份）

蛋 … 3顆

鮮奶油（或鮮奶）… 1大匙

鹽、胡椒 … 各少許

奶油 … 15g

納豆 … 1盒

韭菜 … 2株

醣量	3.3g
蛋白質量	25.7g

納豆含有蛋所欠缺的植物性蛋白，富含膳食纖維。

納豆韭菜蛋包

●作法

① 將蛋打入大碗後攪散，放入鮮奶油、鹽、胡椒，充分混合。再加入納豆、切成8mm長的韭菜，充分混合。

② 將平底鍋中的奶油加熱，參考13頁的做法製作蛋包。

③ 盛盤。依個人喜好淋上少許（分量外）醬油。（平岡）

除了鮪魚外，也可用水煮鯖魚，提升常備食材的營養。

鮪魚青椒蛋包

醣量	2.2g
蛋白質量	32g

●材料（1人份）

蛋 … 3顆

鮮奶油（或鮮奶）… 1大匙

鹽、胡椒 … 各少許

奶油 … 15g

鮪魚（盒裝・瀝除湯汁）… 1小罐

青椒 … 1顆

●作法

① 將蛋打入大碗後攪散，放入鮮奶油、鹽、胡椒，充分混合。再加入鮪魚、切成8mm小塊的青椒，充分混合。

② 將平底鍋中的奶油加熱，參考13頁的做法製作蛋包。

③ 盛盤。依個人喜好淋上少許醬油、胡椒（分量外）。（平岡）

● 材料（1人份）

蛋 … 3顆

鮮奶油（或鮮奶）… 1大匙

鹽、胡椒 … 各少許

奶油 … 15g

香腸 … 3條

高麗菜 … 1大片

油（橄欖油等）… 少許

香腸也可替換成火腿、培根、竹輪，可以善用冰箱中的食材。

香腸高麗菜蛋包

醣量	4.6g
蛋白質量	27.5g

● 作法

① 將香腸切成3cm寬，高麗菜也切成3cm長。

② 將平底鍋中的油加熱，將①的食材炒透，加入少許鹽、胡椒。

③ 將蛋打入大碗後攪散，放入鮮奶油、鹽、胡椒，充分混合。再加入②混合。

④ 將平底鍋中的奶油加熱，參考13頁的做法製作蛋包、盛盤。（平岡）

將剩餘的絞肉製作成蛋包，讓餐點升級。

絞肉香蔥蛋包

醣量	4.2g
蛋白質量	46.1g

● 材料（1人份）

蛋 … 3顆

鮮奶油（或鮮奶）… 1大匙

鹽、胡椒 … 各少許

奶油 … 25g

絞肉（依個人喜好選擇豬、牛、雞）… 150g

蔥（切碎）… 1/2根

● 作法

① 平底鍋中放入10g奶油加熱，加入絞肉、蔥。以中火將絞肉炒鬆後，撒入少許鹽、胡椒。

② 將蛋打入大碗後攪散，放入鮮奶油、鹽、胡椒，充分混合。加入①混合。

③ 平底鍋中放入15g奶油加熱，參考13頁的做法製作蛋包、盛盤。依個人喜好淋上少許醬油（分量外）。（平岡）

第2章

餐點維持低醣。用蛋取代米飯！

想減醣瘦身，卻無法戒除米飯、義大利麵！
這種時候不妨用蛋包、炒蛋取代米飯、義大利麵，
再淋上咖哩、義大利麵醬吧！米飯一碗（150g）的
醣量約55g，蛋包（3顆蛋）的醣量則為1.1g。可以
滿足口腹之慾，也有飽足感。

正統印度咖哩，
用低醣的蛋包取代米飯、烤餅。

奶油雞肉咖哩 with 蛋包

● 材料（4人份）

《奶油雞肉咖哩》

雞腿肉 … 2片

A｜優格 … 1/2杯
　｜咖哩粉 … 2小匙
　｜紅椒粉 … 1小匙

水煮番茄（罐頭）… 1罐

奶油 … 50g

荳蔻（粒）… 5粒

薑（磨泥）… 1/2拇指寬

蒜（磨泥）… 1/2瓣

B｜咖哩粉 … 1大匙
　｜紅椒粉 … 1小匙

鮮奶油 … 1/2杯

花生醬（無糖・非必要）… 2大匙

鹽、蜂蜜、印度混合香料粉 … 各1小匙

蛋包 … 4人份（參考13頁）

● 作法

① 將雞肉切成一口大小後放入保鮮袋。加入A，搓揉袋子後放入冰箱靜置約1小時。將水煮番茄壓碎備用。

② 在鍋裡放入一半的奶油與荳蔻，用小火拌炒。炒香後加入薑、蒜拌炒。接著也加入B炒香。

③ 加入水煮番茄，以中火拌炒、收汁。出現濃稠感時，加入雞肉，用中小火煮約10分鐘。

④ 加入鮮奶油、花生醬、鹽、蜂蜜，充分混合，再煮5分鐘左右。加入剩餘的奶油、印度混合香料，稍微加熱後關火。

⑤ 將蛋包與④分別盛盤（依個人喜好可撒上少許印度混合香料（分量外））。蛋包淋上④後享用。（平岡）

| 醣量 | 9.2g |
| 蛋白質量 | 42g |

＊ 上述營養成分不包含
　搭配的蔬菜

17

醣量	4g
蛋白質量	27.4g

雖然是濃郁的燉煮料理，其實是低醣的減重餐點。

酸奶牛肉鮮菇 with 蛋包

●材料（4人份）

《酸奶牛肉鮮菇》

牛薄片（里肌等）… 200g

蒜（切碎）… 1 瓣

蘑菇 … 8顆

水 … 1杯

高湯塊 … 1 又 1/2 顆

紅椒粉 … 1大匙

水 … 1杯

鮮奶油 … 1/2 杯

奶油 … 15g

鹽、胡椒、巴西利（切碎）… 各少許

蛋包 … 4人份（參考13頁）

●作法

① 將牛肉切成2cm寬後，撒上鹽、胡椒。將蘑菇切薄片備用。

② 將平底鍋中的奶油加熱融化後，以小火炒蒜。炒香後依序加入蘑菇、牛肉，以中火炒到肉色改變。

③ 加入分量的水、高湯塊、紅椒粉後開大火。煮滾後改成中小火，蓋上蓋子燉煮5～9分鐘。

④ 加入鹽、胡椒調味。加入鮮奶油後，以小火不沸騰的方式熬煮5分鐘後關火。

⑤ 將蛋包與④分別盛盤，撒上巴西利，依個人喜好撒上少許紅椒粉（分量外）。將蛋包淋上④後享用。（平岡）

醣量	3.5g
蛋白質量	38g

一個蛋包的醣量，是一碗米飯的1/50！

奶油海鮮 with 蛋包

●材料(4人份)

《奶油海鮮》

蝦 … 8隻

干貝 … 4顆

新鮮鮭魚(切片) … 2片

青花菜(切成小朵) … 1/4株

白酒 … 1大匙

鮮奶油 … 100ml

高湯塊(鮮雞) … 1/2塊

月桂葉 … 1片

奶油 … 15g

鹽、胡椒 … 各少許

蛋包 … 4人份(參考13頁)

●作法

① 將蝦子去殼、尾，切成2～3等分。干貝切成3～4等分。鮭魚切成2cm寬。

② 青花菜放入加了少許鹽(分量外)的熱水中汆燙，以篩子瀝乾冷卻。

③ 將平底鍋或是鍋子加熱，放入奶油融化。加入①，以中火拌炒3分鐘左右後，撒上鹽、胡椒。

④ 加入白酒、月桂葉。煮沸後加入鮮奶油、高湯塊。以中小火煮至濃稠。加入②的青花菜燉煮後關火。

⑤ 將蛋包盛盤，淋上④。(平岡)

中式料理的常見菜色，只要把米飯換成蛋包，就能成為減重餐點。

麻婆豆腐 with 蛋包

醣量	7.3g
蛋白質量	32g

● 材料（4人份）

《麻婆豆腐》

板豆腐 … I 塊

豬絞肉 … I50g

滑菇 … I 袋

蔥 … I 根

麻油 … I 大匙

蒜（磨泥） … I 小匙

豆瓣醬 … 2 ～ 3 小匙

A | 水 … I 杯
  | 醬油 … 2 大匙
  | 中式高湯（粒） … I 小匙
  | 酒 … 50ml
  | 鹽 … 少許

太白粉水

（等量的太白粉與水混合）

… I 又 I/2 大匙

蛋包 … 4 人份（參考 I3 頁）

● 作法

① 豆腐以廚房紙巾包裹30分鐘以上。吸乾水分後，切成2cm小丁。蔥切成粒狀備用。

② 在深底平底鍋中加入麻油、蒜、豆瓣醬後，以小火加熱。炒香後加入蔥、豬絞肉，以中火拌炒。肉熟透後撒上少許鹽（分量外）。

③ 在②中加入A，煮沸後加入豆腐、滑菇。以中火煮4 ～ 5分鐘。

④ 在③加入太白粉水，產生濃稠感後，淋上辣油（分量外）。

⑤ 將蛋包盛盤，淋上④。依個人喜好撒上些許珠蔥粒。（平岡）

取代義大利麵，將受歡迎的義大利麵醬淋在蛋包上。

培根蛋醬汁 with 蛋包

● 材料（2人份）

《培根蛋醬汁》

培根（厚切）… 60g

蛋 … 1顆

起司粉 … 1/2杯

鹽、胡椒 … 各少許

橄欖油 … 1大匙

蒜（壓碎）… 1/2瓣

蛋包 … 2人份（參考13頁）

巴西利（切碎）… 少許

● 作法

① 培根切成1cm寬。

② 將蛋打入大碗後攪散，加入起司粉、鹽，充分混合。

③ 在平底鍋中加入橄欖油和蒜，以小火拌炒。蒜變成褐色後加入培根，再拌炒3分鐘左右。

④ 在③加入②，以極小火慢慢混合，出現濃稠感後關火。

⑤ 將蛋包盛盤，淋上④，撒上巴西利和胡椒。（平岡）

醣量	2.6g
蛋白質量	34.8g

醣量	8.1g
蛋白質量	33g

用蛋包取代米飯，異域風味跟蛋也很搭。

綠咖哩 with 蛋包

● 材料（4人份）

《綠咖哩》

雞腿肉 … 1片

茄子 … 2條

青椒 … 2～3顆

蒜（切碎）… 1瓣

薑（切碎）… 1拇指寬

油（橄欖油等）… 2大匙

綠咖哩醬包 … 1袋

A | 椰奶（罐頭）… 1罐

中式高湯（粒）… 1小匙

檸檬草（非必要）… 1根

箭葉橙葉（非必要）… 1片

魚露 … 2大匙

蛋包 … 4人份（參考13頁）

● 作法

①　將雞肉切成小塊。茄子去皮後滾刀切。青椒去籽切成2cm塊狀。

②　鍋子熱油後，放入蒜、薑，以小火爆香。再加入綠咖哩醬炒香。

③　在②加入雞肉和茄子，以中火拌炒至雞肉顏色改變。加入少許鹽（分量外），將茄子炒透。

④　加入A和青椒，不時攪拌熬煮15分鐘，以魚露調味。

⑤　將蛋包盛盤，淋上④。（平岡）

不管淋上肉醬或是混入蛋裡都好吃。

肉醬 with 蛋包

醣量	5.3g
蛋白質量	35.2g

●材料(4人份)

《肉醬》

豬牛混合絞肉 … 350g

洋蔥 … 1大顆

水煮番茄(罐頭) … 1罐

紅酒 … 50ml

蒜(切碎) … 1瓣

橄欖油 … 2大匙

月桂葉 … 1片

鹽 … 1小匙

胡椒 … 1/2小匙

蛋包 … 4人份(參考13頁)

巴西利(切碎) … 少許

●作法

① 將洋蔥切碎。水煮番茄以手壓碎。

② 將橄欖油、蒜、月桂葉放入鍋中,以小火炒香後,加入洋蔥,以中小火炒透。

③ 在②中加入絞肉,以中火拌炒3～4分鐘後,加入1/2小匙鹽拌炒。

④ 加入水煮番茄和紅酒,以中小火不時地攪拌,熬煮約15分鐘。以1/2小匙鹽、胡椒調味。若覺得欠缺甜味,可加入1小匙蜂蜜(分量外)。

⑤ 將蛋包盛盤,淋上④,撒上巴西利。(平岡)

飽足感滿分。因為低醣，就算吃這些也不會胖！

番茄燉雞 with 蛋包

醣量	4g
蛋白質量	41g

●材料（4人份）

《番茄燉雞》

雞腿肉 … 2片

水煮番茄（罐頭）… 2個

蒜（壓碎）… 1瓣

白酒 … 50ml

月桂葉 … 1片

橄欖油 … 1大匙

鹽 … 1小匙

胡椒 … 少許

巴西利（切碎）… 少許

蛋包 … 4人份（參考13頁）

●作法

① 將雞肉切大塊後，撒上鹽、胡椒。將水煮番茄壓碎。

② 將蒜、橄欖油放入平底鍋，以小火炒香。放入雞肉（雞皮朝下），以中火兩面煎香。

③ 在②中加入白酒、水煮番茄、月桂葉後，蓋上蓋子以小火燉煮10分鐘左右。

④ 在③加入少許鹽、胡椒（分量外）調味。以中大火收汁，出現濃稠感後關火。

⑤ 將蛋包盛盤，淋上④，撒上巴西利、胡椒。（平岡）

第3章 可以事先備好o 也很適合作為便當菜

本章會介紹可以做為點心或是零食,甚至是便當菜的煎蛋食譜。在蛋液中加入配料,就能滿足味蕾並提高營養價值。確實煮透、分裝好放進冰箱,大約能保存3～4天。肚子餓的時候隨時都能享用。

紅蘿蔔佐白芝麻煎蛋
（作法參考29頁）

原味煎蛋

簡單的煎蛋，直接享用就很美味。
佐以白蘿蔔泥，則適合當作下酒菜！

加上美乃滋就能產生膨鬆感，再以高湯醬油增添風味。

原味煎蛋

● 材料（2人份）
蛋 … 3顆
美乃滋 … 1大匙
鹽 … 少許
高湯醬油（市售商品・或是沾麵露（3倍濃縮））… 2小匙
油（奶油、豬油、橄欖油等）… 適量

醣量	0.9g
蛋白質量	9.8g

● 作法

準備

將蛋打入大碗後攪散，加入美乃滋、鹽、高湯醬油攪拌成蛋液。

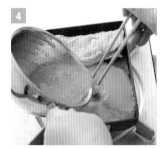

在鍋面塗上油後以廚房紙巾抹去多餘油分。加入剩餘蛋液的一半量。

將煎蛋用的平底鍋（如果沒有，則用直徑18cm的小平底鍋）以中火加熱，加上少許油後，以廚房紙巾抹去多餘油分。放入1/3蛋液量鋪滿鍋面。

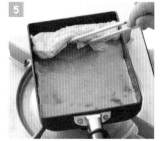

將3的蛋提高，讓蛋液流入下方，以中火加熱。

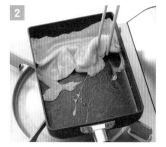

以中火煎成半熟狀後，用筷子將蛋往前推。

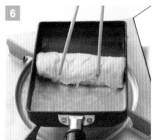

當蛋液半熟凝固後，從前端往回捲。

將集中的蛋翻面，作為煎蛋的中心部位。

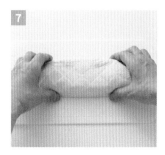

將4～6的步驟重複一次。從平底鍋中取出，置於淺盤或砧板上，以廚房紙巾整成四角形。（平岡）

鱈魚卵佐鴨兒芹煎蛋

醣量	0.5g
蛋白質量	14.3g

紅蘿蔔佐白芝麻煎蛋

醣量	2.8g
蛋白質量	10.9g

切口可以看到粉色鱈魚卵，讓視覺也獲得享受。適合當便當菜。

鱈魚卵佐鴨兒芹煎蛋

●材料（2人份）

蛋 … 3顆

美乃滋 … 1大匙

鹽 … 1小搓

鴨兒芹 … 1/3株

鱈魚卵 … 1/2條

油（奶油、豬油、橄欖油等）… 適量

●作法

① 將鴨兒芹切小段。鱈魚卵去除薄皮後弄散。

② 將蛋打入大碗後攪散，混入美乃滋、鹽。加入鴨兒芹後攪拌。

③ 以煎蛋用平底鍋熱油。加上步驟②的1/3蛋液，鋪上鱈魚卵，從前端往回捲。重複2次就能完成加料煎蛋（參考以下）。（平岡）

加料時的做法　　（例如鱈魚卵佐鴨兒芹煎蛋）

打蛋並攪拌，加入調味料、配料（鴨兒芹）拌勻。

＊將配料混入蛋液，食材就能均勻散布。

將弄散的鱈魚卵鋪在離前端3～4cm處。

＊切煎蛋時，就能在中心看到鱈魚卵。

最後，在離末端3～4cm處鋪上鱈魚卵後捲起。

芝麻風味帶有韓式風情。也可搭配四季豆。

紅蘿蔔佐白芝麻煎蛋

●材料（2人份）

蛋 … 3顆

美乃滋 … 1大匙

鹽 … 少許

高湯醬油（市售商品或沾麵醬露〈3倍濃縮〉）… 2小匙

紅蘿蔔 … 1/3根

白芝麻 … 1大匙

麻油 … 適量

●作法

① 將紅蘿蔔對半切後切成細絲。放入耐熱容器後，蓋上保鮮膜，微波（600W）加熱40秒。

② 將蛋打入大碗後攪散，混入美乃滋、鹽、高湯醬油。加入①、芝麻後拌勻。

③ 以煎蛋用平底鍋熱油，加上②的1/3蛋液，從前端往回捲。重複兩次就能完成加料煎蛋（參考上方）。（平岡）

也可以用乾煎鹽漬鮭魚後撥散取代鮭魚鬆。

鮭魚鬆佐青紫蘇煎蛋

醣量	0.4g
蛋白質量	12.4g

●材料(2人份)

蛋 … 3顆

美乃滋 … 1大匙

鹽 … 少許

鮭魚鬆(市售商品)… 2大匙

青紫蘇 … 2片

油(奶油、豬油、橄欖油等)… 適量

●作法

① 將青紫蘇縱切對半後,切成細絲。

② 將蛋打入大碗後攪散,混入美乃滋、鹽、鮭魚鬆,也加入①拌勻。

③ 煎蛋用平底鍋熱油後,加入②的1/3蛋液,從前端往回捲。重複2次就能完成加料煎蛋(參考27頁)。(平岡)

加上配料，簡單就能增加煎蛋的分量。

豆芽海苔煎蛋

醣量	4.6g
蛋白質量	10.8g

●材料（2人份）

蛋 … 3顆

豆芽 … 150g

烤海苔 … 1/2片

A | 砂糖 … 2/3大匙
　 | 鹽 … 1/3小匙
　 | 醬油 … 1/2小匙
　 | 酒 … 2小匙

沙拉油 … 1小匙

●作法

① 豆芽先以熱水汆燙，以篩子瀝乾冷卻。將海苔撕碎備用。

② 將蛋打入大碗後攪散，混入A，也加入①拌勻。

③ 煎蛋用平底鍋熱油後，加入②的1/3蛋液，從前端往回捲。重複2次就能完成加料煎蛋（參考27頁）。（岩崎）

醣量	1.3g
蛋白質量	12.5g

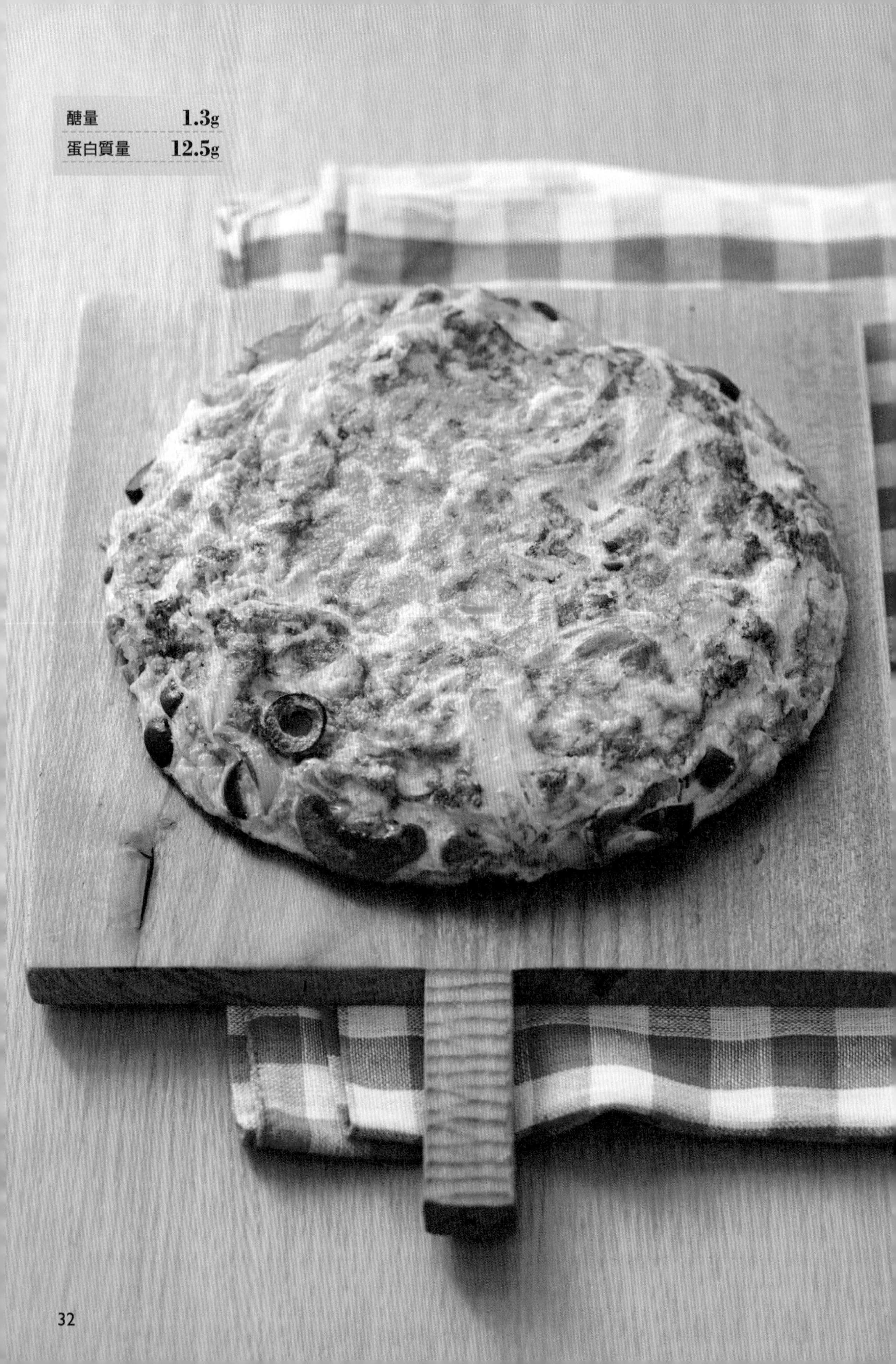

祕訣是不用馬鈴薯，只用低醣食材製作！

義式蘑菇蛋包

●材料（4人份）

蛋 … 6顆

蘑菇 … 6顆

番茄 … 1/2顆

鯷魚（切片）… 3片

橄欖（黑・切片）… 25g

A｜起司粉 … 2大匙
　｜鮮奶油 … 1大匙

鹽、胡椒 … 各少許

橄欖油 … 1大匙

●作法

① 將蘑菇切成縱切成6～7mm寬的片狀。番茄去籽後切成8mm塊狀。

② 將1/2大匙的橄欖油放入平底鍋後加熱，將蘑菇炒透後，取出稍微冷卻。

③ 將蛋打入大碗後攪散，混入②、鯷魚、A。加入①的番茄、橄欖後拌勻。

④ 直徑18cm的平底鍋中加入1/2大匙橄欖油後加熱，放入③。轉中火大幅度攪拌。半熟後蓋上蓋子，轉小火加熱約3分鐘左右。

⑤ 當底部變成褐色後翻面，再加熱3分鐘（參考下方）。（平岡）

義式蛋包的煎法

煎蛋時容易出現外圍凝固變硬，中間卻還沒熟的狀況。所以，要由外向內大幅度的攪拌，讓煎蛋產生厚度，也能平均受熱。

半熟後，蓋上蓋子以小火繼續加熱約3分鐘。

當底部上色後翻面。可以蓋上比平底鍋大一些的大盤子。

就像把蛋包蓋在盤子上，直接蓋住翻轉。

再讓蛋包從盤子滑進平底鍋。

沒有加粉，所以是低醣&零麩質的大阪燒。

高麗菜、章魚、
起司大阪燒風味

醣量	2g
蛋白質量	22.2g

●材料（4人份）

蛋 … 6顆

高麗菜（較大菜葉）… 1片

章魚腳 … 2隻

豬五花肉（薄片）… 3片

A｜披薩用起司 … 1/2杯

｜日式高湯（顆粒）… 1小匙

豬油 … 1小匙

大阪燒醬汁（或低醣醬汁）… 適量

美乃滋、柴魚片、青海苔、紅薑 … 各適量

●作法

① 將高麗菜切絲。章魚腳切薄片。豬肉切3cm寬。

② 將蛋打入大碗後攪散，混入①的配料以及A後拌勻。

③ 直徑18cm的平底鍋中加入豬油後加熱，加入②後轉中火。靜置約8秒後，由外向內大幅度攪拌。半熟後蓋上蓋子，轉小火加熱2分鐘左右。翻面後再加熱1分半（參考33頁）。

④ 盛盤。淋上醬汁，加上柴魚片、美乃滋、青海苔、紅薑。（平岡）

富含大豆蛋白質、蔬菜。是一道營養均衡的餐點

義式油豆腐蛋包

醣量	2.8g
蛋白質量	13g

●材料(3人份)

蛋 … 3顆

油豆腐 … 1塊

洋蔥 … 1/2小顆

甜椒(橘色) … 1/2顆

橄欖油 … 2大匙

鹽、胡椒 … 各適量

巴西利(切碎) … 2大匙

起司粉 … 2大匙

●作法

① 將油豆腐、洋蔥、甜椒切成1cm小丁。

② 在平底鍋中加入1大匙橄欖油後,拌炒油豆腐。再加入洋蔥、甜椒拌炒。撒上1/4小匙的鹽、少許胡椒後稍微拌炒。

③ 將蛋打入大碗後攪散,加入少許的鹽、胡椒。混入巴西利、起司以及②後,繼續拌炒。

④ 直徑18cm的平底鍋中加入1大匙橄欖油後加熱,加入③後,由外向內大幅度攪拌。蓋上蓋子後轉小火,加熱3～4分鐘左右。翻面後,蓋上蓋子再加熱3～4分鐘(參考33頁)。盛盤。切成容易食用的大小。(大庭)

可以獲得雞蛋所欠缺的維生素C，也是一道低醣料理。

義式鮮蔬蛋包

醣量	7g
蛋白質量	12.8g

● 材料（容易製作的分量・2人份）

蛋 … 3顆

A｜牛奶 … 1大匙

　　番茄醬 … 2小匙

　　鹽 … 1/4小匙

　　黑胡椒 … 少許

高麗菜（撕成小片）… 1大片

青花菜（分成小朵）… 100g

小番茄（切半）… 8顆

橄欖油 … 2小匙

● 作法

① 高麗菜與青花菜汆燙後，瀝乾水分。將蛋打入大碗後攪散，混入A。

② 在平底鍋中加入橄欖油後加熱，拌炒高麗菜、青花菜。熟透後加入①，大幅度攪拌。上面平均鋪上小番茄後，蓋上蓋子，以小火悶煮7～8分鐘。

③ 底部上色後翻面，再加熱2～3分鐘（參考33頁）。切成容易食用的大小。（大越）

運用羊栖菜、竹筍等日式食材。富含膳食纖維。

日義風味蛋包

醣量	6.7g
蛋白質量	8.6g

● 材料（20cm平底鍋一片分量・4人份）

蛋 … 4顆

A｜昆布茶 … 1小匙
　｜可融起司 … 20g
　｜鹽 … 1/4小匙
　｜胡椒 … 少許

馬鈴薯 … 1顆

水煮竹筍 … 50g

小番茄 … 2顆

四季豆 … 4根

羊栖菜 … 1大匙（5g）

奶油 … 20g

● 作法

① 將馬鈴薯、竹筍切成1cm小丁。小番茄縱切四等分。四季豆切成1.5cm長。羊栖菜泡水。

② 將蛋打入大碗後攪散，將A依順序混入後，再加入①的小番茄以及瀝乾後的羊栖菜。

③ 在平底鍋中加入一半的奶油後加熱。依序拌炒馬鈴薯、竹筍、四季豆。熟透後，倒入②的大碗。

④ 以平底鍋將剩餘的奶油融化，加入③的食材。以中火加熱，由外向內大幅度攪拌。凝固後，蓋上蓋子，以小火悶煮3分鐘。

⑤ 翻面後蓋上蓋子，再加熱1～2分鐘（參考33頁）。（柴田）

第4章 蛋是早餐的主角

建議想吃早餐卻又擔心發胖的人選擇雞蛋料理。1顆雞蛋的醣量約0.1g，不需要擔心血糖值上升，也能適度止餓撐到午餐。不妨以豐盛的蛋料理為中心，米飯和麵包作為點綴，調整醣量吧！

蛋料理的基本。要煎得漂亮，需要一點小技巧。

早餐原味荷包蛋

醣量	0.9g
蛋白質量	15.9g

●材料(1人份)

蛋 … 2顆

《配菜》

培根(香煎) … 1～2片

酪梨 … 3片

●作法

① 平底鍋塗上薄薄一層油後加熱，將蛋打入。蓋上蓋子後，以小火加熱至喜歡的熟度。盛盤，加上搭配食材。(平岡)

煎出漂亮的荷包蛋

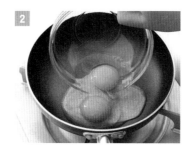

1	2	3
平底鍋均勻抹油後，再以廚房紙巾抹去多餘油分。油脂過多，容易使蛋白邊緣焦黑，出現空洞。	可以直接將蛋打入，不過，先打在大碗中，再流入鍋裡，會讓形狀更圓。	蓋上蓋子蒸煮，能使整體均勻受熱。可以觀察蛋黃狀況，依喜好調整加熱程度。接著，掀蓋、關火。

荷包蛋的配菜變化

花椰菜是富含維生素C的蔬菜

花椰菜拌橄欖沙拉

醣量	2.7g
蛋白質量	3.3g

●材料(2人份)

花椰菜 … 200g

橄欖(黑) … 5顆

美乃滋 … 1大匙

鹽、胡椒 … 各少許

●作法

① 將花椰菜分成小朵。橄欖切碎備用。

② 水煮沸後，加入少許醋（分量外）、鹽（分量外水量的1%），汆燙花椰菜。取出稍微冷卻。

③ 將橄欖、美乃滋放入大碗中混合。加入②後，以鹽、胡椒調味。（濱內）

菠菜富含對肌膚有幫助的β胡蘿蔔素

菠菜涼拌胡麻美乃滋

醣量	5.5g
蛋白質量	6.9g

●材料(2人份)

菠菜 … 1把（200g）

A | 研磨白芝麻 … 4大匙

砂糖 … 2小匙

醬油 … 1大匙

美乃滋 … 1大匙

●作法

① 菠菜放入加了少許鹽（分量外）的熱水中稍微汆燙。以冷水冷卻後，瀝乾水分。

② 將①切成4cm長後放入大碗，加入A材料拌勻。（瀨尾）

醣量　　　　20g
蛋白質量　　13.2g

醣量　　　　5.8g
蛋白質量　　12.7g

使用蛋白凝固，蛋黃半熟的水波蛋。

火腿蛋鬆餅

●材料（1人份）

蛋 … 1顆

火腿 … 1片

嫩葉生菜 … 適量

英式馬芬 … 1個

荷蘭醬（參考右側）… 適量

●作法

① 製作水波蛋（參考右側）。

② 將英式馬芬對切，以烤箱稍微烤熱。火腿稍微用平底鍋煎熱。

③ 將一半的英式馬芬切口朝上，放在器皿上。放上嫩葉生菜以及火腿。上面疊上瀝乾水分後的水波蛋，再淋上荷蘭醬。（脇）

這一道就能讓早餐均勻攝取到營養，
是最適合減醣的沙拉料理。

半熟蛋沙拉

●材料（1人份）

蛋 … 1顆

里肌火腿 … 2片

沙拉用菠菜 … 40g

西洋芹 … 1/4根（20g）

A｜原味優格 … 2大匙
　｜番茄醬 … 2小匙

鹽、胡椒 … 各少許

●作法

① 將沙拉用菠菜切成容易食用的長度，西洋芹去絲切薄片。火腿切絲。

② 製作水波蛋（參考右側）。

③ 將里肌火腿、蔬菜混合後鋪在器皿上，放上水波蛋，淋上拌勻後的A，撒上鹽與胡椒。

＊用麵包調整醣量＊
1/2個馬芬的醣量為10g、
1個馬芬的醣量為20g

做出漂亮的水波蛋

1 蛋敲打器皿，用手掬起蛋黃和蛋白濃稠的部分，去除蛋白較稀的部分。

2 平底鍋中放入4～5cm左右高的水後加熱。煮沸後，加入4大匙（分量外）的醋，再次煮沸。將 1 的蛋含器皿淹至一半，然後慢慢放入。

3 調整火候，讓水維持輕微沸騰的狀態。約煮3分鐘，不時上下翻面。蛋白凝固後，用勺子撈起，瀝乾水分。

荷蘭醬的作法

●（容易製作的分量・4人份）

① 鍋裡放入1顆蛋黃、1大匙水，以小火加熱，並用打蛋器攪拌。邊用手觸碰鍋子，調整火候，留意溫度不要過熱，攪拌至稍微起泡。

② 加入切成1cm小丁的70g奶油，分次加入①，攪拌均勻。

③ 加入1/3小匙的鹽、少許胡椒、1小匙檸檬汁，攪拌至鹽完全融化。

●材料（1人份）

蛋 … 1顆

洋蔥（切薄片）… 1/4顆

紅蘿蔔（切絲）… 20g

四季豆（斜切）… 3根

沙拉油 … 1小匙

白酒 … 2小匙

鹽、胡椒 … 各少許

起司粉 … 1小匙

●作法

① 平底鍋中加入沙拉油後加熱，拌炒蔬菜。熟透後，在中央位置慢慢打入蛋。

② 撒上白酒，蓋上蓋子後，蒸煮1～2分鐘直到半熟。

③ 撒上鹽、胡椒，盛盤。撒上起司粉。（大越）

蔬菜也可以選用冰箱剩餘的部分，用平底鍋蒸煮。

鮮蔬水波蛋

醣量	5.5g
蛋白質量	9.8g

因為可以微波，在忙碌的早晨也能享用均衡的餐點。

高麗菜水波蛋

醣量	5.4g
蛋白質量	8.2g

●材料（2人份）

蛋 … 2顆

高麗菜 … 300g

鹽 … 稍微多於1/3小匙

粗研磨黑胡椒 … 適量

●作法

① 高麗菜切絲，加上鹽後充分混合。

② 在耐熱器皿中放入高麗菜，打入蛋。蛋黃用牙籤戳洞，蓋上保鮮膜後，微波（600W）2分鐘左右。撒上黑胡椒。（濱內）

用微波爐製作不會失敗的炒蛋料理。

番茄炒蛋

醣量	3.7g
蛋白質量	9.6g

●材料(1人份)

蛋 … 1顆

鮮奶 … 1小匙

小番茄(切半)… 3顆

萵苣(撕小片)… 1片(20g)

鹽、胡椒 … 各少許

起司粉 … 1/2小匙

●作法

① 將蛋打入大碗後攪散,加入鹽、胡椒後拌勻。

② 在耐熱器皿中倒入①,蓋上保鮮膜後,微波(600W)40秒。取出後用筷子攪拌,加入鮮奶、小番茄、萵苣後,再加熱30秒。

③ 稍微攪拌後盛盤,撒上起司粉。(大越)

在熱呼呼的蛋包包裹生鮮蔬菜的美味吃法。

蔬菜沙拉佐烘蛋

醣量	1g
蛋白質量	6.8g

●材料(1人份)

蛋 … 1顆

A｜鮮奶 … 1小匙
　｜鹽、粗研磨黑胡椒 … 各少許

奶油 … 少許

綜合生菜 … 15g

鹽、粗研磨胡椒 … 各少許

●作法

① 將蛋打入大碗後攪散,加入A後充分拌勻。

② 在小平底鍋中加入奶油後加熱,倒入①後快速拌炒。

③ 半熟狀後關火,盛盤。鋪上綜合生菜,撒上鹽、胡椒。(伊藤)

第5章

常用食材＋蛋，來個大變身。
馬上就能上桌，
滿足味蕾的餐點

蛋的特徵之一就是能搭配任何食材。只要將冰箱中的東西快速拌炒，
再加個蛋，不只能讓炒物變美味，也能提高營養價值。本章會介紹加
上蛋拌炒的料理以及滑蛋等，一道就能滿足口腹之慾的餐點。

將蛋炒至半熟，祕訣是先取出，最後再倒回。

醣量	2.1g
蛋白質量	13.5g

香腸青椒炒蛋

● 材料（2人份）

蛋 … 3顆

維也納香腸 … 3根

青椒 … 2顆

奶油 … 適量

鹽、粗研磨胡椒 … 各少許

● 作法

① 將維也納香長縱切4等分。青椒縱切後去
　籽，切絲。將蛋打入大碗後攪散，加入鹽、
　胡椒後充分拌勻。

② 在平底鍋中加入奶油15g後加熱，倒入①
　後以大火大幅度攪拌。半熟後先取出備用。

③ 在平底鍋中加入奶油後加熱，放入香腸
　與青椒，以中火拌炒2分鐘左右。

④ 將②的蛋倒回鍋中稍微攪拌。關火，盛盤。
　（平岡）

將蘆筍改成茄子、紅蘿蔔、四季豆等也很美味。

蘆筍舞菇培根炒蛋

醣量	1.6g
蛋白質量	17g

材料（2人份）

蛋 … 3顆

蘆筍 … 3～4根

舞菇 … 1袋

培根 … 3片

橄欖油 … 4小匙

鹽、胡椒 … 各少許

作法

① 蛋攪散備用。切去蘆筍底部較硬的部分後，斜切成2cm
片狀。舞菇分成小朵。培根切成2cm寬。

② 在平底鍋中加入橄欖油2小匙後加熱。加入蛋液，以大
火大幅度攪拌，半熟後先取出備用。

③ 在平底鍋中加入橄欖油2小匙後，以小火炒香培根。再
依序放入蘆筍、舞菇，以中火拌炒。灑上鹽、胡椒。

④ 將②的蛋倒回鍋中稍微攪拌，關火，盛盤。（平岡）

將炒好的配料再拌上蛋即可。不需一起烹調，簡單好上手。

醣量	2.6g
蛋白質量	18.6g

蟹肉炒蛋

●材料（2人份）

蛋 … 3顆

鴻禧菇 … 1/3袋

蔥 … 10cm

蟹肉（剝散或是蟹味魚板）… 100g

橄欖油 … 1大匙

鹽、胡椒 … 各少許

酒 … 2小匙

麻油 … 2小匙

醬油 … 1大匙

●作法

① 蛋攪散備用。鴻喜菇切蒂後剝散。蔥斜切。

② 在平底鍋中加入橄欖油後加熱，加入鴻喜菇、蔥、蟹肉後，以中火拌炒。整體均勻沾上油後，加入鹽、胡椒、酒，稍微拌炒。

③ 將蛋液倒入②，以大火大幅度拌炒。當蛋呈現半熟後關火。淋上麻油、醬油後稍微攪拌，再依個人喜好撒上胡椒（分量外）。（平岡）

鋅與細胞的新陳代謝有關，而牡蠣的鋅含量是食品中數一數二。

牡蠣韭菜滑蛋

醣量	3.8g
蛋白質量	13.8g

●材料（2人份）

蛋 … 3顆

牡蠣 … 8顆

韭菜 … 2根

麻油 … 2小匙

鹽、胡椒 … 各少許

酒 … 1小匙

中式高湯（顆粒）… 1/2小匙

●作法

① 牡蠣撒上3大匙鹽（分量外）搓揉，洗淨後瀝乾。將蛋攪散，加入鹽、胡椒後拌勻。韭菜切成1cm長。

② 在平底鍋中加入麻油後加熱，加入①的牡蠣，以中火煎至雙面上色。放入酒、中式高湯粒，炒至收汁。加上韭菜後稍微拌炒。

③ 將蛋液倒入②，以大火大幅度拌炒。當蛋呈現半熟後關火。（平岡）

菠菜蝦仁炒蛋

醣量	11.9g
蛋白質量	18.1g

油菜炒蛋

醣量	3.3g
蛋白質量	13.9g

牛蒡豬肉滑蛋

醣量	12g
蛋白質量	22.6g

韭菜油豆腐滑蛋

醣量	6.6g
蛋白質量	13.4g

49

蝦仁換成干貝或牛肉也很美味。

菠菜蝦仁炒蛋

●材料（2人份）

蛋 … 2顆

A │ 砂糖 … 1/2小匙
　 │ 鹽、胡椒 … 各少許

菠菜 … 200g

冬粉 … 20g

蝦子 … 6尾

油（橄欖油等）… 1大匙

B │ 醬油 … 2小匙
　 │ 味霖 … 1小匙

鹽、胡椒 … 各少許

●作法

① 菠菜切成5cm長。冬粉泡熱水軟化後，切成容易
食用的長度。蝦子剔除腸泥、剝殼後稍微拍打，
加入少許鹽、胡椒（分量外）調味。將打好的蛋液
混入A。

② 在平底鍋中加入一半的油後加熱，以大火將蛋炒
至半熟狀後取出。

③ 稍微擦拭鍋面後，加入剩餘的油加熱，拌炒蝦仁。
熟透後，加入菠菜拌炒。再加入冬粉和B拌炒。
最後再將蛋加入拌炒。（岩崎）

祕訣是將油菜汆燙調味後再拌炒。

油菜炒蛋

●材料（2人份）

蛋 … 3顆

油菜 … 1把（180g）

鹽 … 適量

油（橄欖油等）… 1大匙

蠔油 … 少於1大匙

●作法

① 切除油菜底部約1cm，稍微泡水增加脆度。以加
了少許鹽的熱水汆燙，過冷水後瀝乾。切成3cm
長，加入一半的蠔油後拌勻。

② 蛋液中加入少許的鹽拌勻。在平底鍋中加入一半
的油後加熱，加入蛋液後大幅度拌炒至半熟狀取
出。

③ 加入剩餘的油以及油菜拌炒，再將蛋放回稍微拌
炒。

④ 盛盤，淋上剩餘的蠔油。（脇）

牛蒡富含膳食纖維，是能緩解便祕的餐點。

牛蒡豬肉滑蛋

●材料（2人份）

蛋 … 3顆

牛蒡 … 1/2根

豬里肌 … 120g

蔥 … 1根

A | 高湯 … 100ml
  | 砂糖、酒 … 各1大匙
  | 醬油 … 1小匙
  | 鹽 … 1/3小匙

●作法

① 牛蒡切絲，過水。豬肉切成一口大小。蔥斜切備用。

② 平底鍋中加入A，放入瀝乾後的①後開火。蓋上蓋子後，將湯汁收至一半左右，將牛蒡煮至喜好的硬度。

③ 加入豬肉，煮至變色後，再加入蔥攪拌。

④ 將蛋打至大碗中攪散，倒入③。稍微攪拌讓蛋白充分加熱。蓋上蓋子後關火，稍微悶煮。倒入器皿。（脇）

韭菜和洋蔥的香氣成分，具有消除疲勞與促進血液循環的功效。

韭菜油豆腐滑蛋

●材料（1人份）

蛋 … 1顆

油豆腐 … 50g

韭菜 … 40g

洋蔥 … 30g

A | 高湯 … 1/3杯
  | 醬油 … 1/2大匙
  | 味霖 … 1小匙

●作法

① 將油豆腐放在篩子上，淋上熱水後，縱切對半後切成5mm厚度。

② 韭菜切成3～4cm長。洋蔥切薄片。蛋攪散後備用。

③ 鍋裡加入A後開火，煮滾後加入①和②的洋蔥，以中火煮。洋蔥煮透後，加入②的韭菜，再稍微加熱。

④ 將蛋液淋入③，半熟後關火。

辣味鱈魚炒蛋

醣量	2.1g
蛋白質量	18.8g

蟹肉炒蛋白

醣量	4.3g
蛋白質量	5.3g

52

黑醋風味番茄炒蛋

醣量	10.7g
蛋白質量	15.6g

青花菜炒蛋

醣量	1.5g
蛋白質量	6.5g

用鮭魚、鮪魚、蝦仁取代鱈魚也很美味。

辣味鱈魚炒蛋

●材料（1人份）

蛋 … 1顆

生鱈魚（切片）… 70g

蘿蔔嬰 … 少許

A　高湯 … 1大匙

　　砂糖 … 1/2小匙

　　豆瓣醬 … 1/3小匙

鹽、胡椒 … 各少許

油（橄欖油等）… 1小匙

●作法

① 將生鱈魚切成1cm小塊。蛋攪散備用。蘿蔔嬰切除底部後對半切。

② 平底鍋熱油後，用大火拌炒①的鱈魚。稍微撒上鹽與胡椒，炒至上色。再加入拌勻後的A拌炒。

③ 將蛋液倒入②，大幅度攪拌，半熟後關火。

④ 將③盛盤，撒上蘿蔔嬰。（田川）

- -

也能用火腿或是魚板取代蟹肉。鬆軟的口感讓人欲罷不能。

蟹肉炒蛋白

●材料（2人份）

蛋 … 2顆

蟹肉 … 50g

A　胡椒、砂糖 … 各少許

　　酒 … 1/2大匙

　　鮮奶 … 1/4杯

　　太白粉 … 1/2大匙

油（橄欖油等）… 1大匙

珠蔥 … 適量

●作法

① 將蛋白放入大碗，加入少許鹽（分量外），用打蛋器打發。

② 將A加入①後混合，再加入蟹肉。

③ 平底鍋熱油後，放入②。以耐熱的矽膠刮刀，一邊攪拌一邊使蛋白充分受熱。

④ 盛盤，撒上珠蔥粒。（脇）

最後再淋上黑醋。蛋與酸味出乎意料的搭配。

黑醋風味番茄炒蛋

●材料（2人份）

蛋 … 2顆

A 中式高湯（顆粒）… 1/5小匙

砂糖 … 1/5小匙

酒 … 1大匙

鹽、胡椒 … 各少許

番茄 … 2顆

蔥 … 1/2根

毛豆（汆燙去殼）… 1/2杯（140g）

油（橄欖油等）… 1大匙

黑醋 … 1大匙

●作法

① 將蛋攪散後以A調味。番茄切成半月形。蔥剖半後斜切薄片。

② 平底鍋熱油，以大火快速拌炒番茄。加入少許鹽、胡椒後，撒上蔥。

③ 淋上蛋液，大幅度攪拌，使其均勻受熱。撒上毛豆後，淋上黑醋。（石澤）

青花菜不需先汆燙，悶煮後再拌入蛋。

青花菜炒蛋

●材料（2人份）

蛋 … 1顆

青花菜 … 150g（1/2顆）

蔥 … 20g

薑 … 7g（小於拇指寬）

鹽 … 1/3小匙

油（橄欖油等）… 1/2小匙

●作法

① 青花菜分成小朵。蔥與薑切碎，與蛋液充分拌勻。

② 平底鍋中加入鹽與2大匙的水，放入青花菜後，蓋上蓋子，以中～小火悶煮（過程中上下翻動）。煮透後掀蓋，收汁。

③ 將青花菜推到一邊。平底鍋加油，開中火。加入①的蛋液，慢慢攪拌，讓青花菜包裹蛋液，煮至半熟。（濱內）

第6章 用蛋來宴客。
客人來的時候不妨做這道！

提到宴客，一般會想到大魚大肉。不過，本章要介紹的是以蛋為主角的宴客菜。尤其是薄蛋皮、無麩質的可麗餅皮，可以捲起配料或是鋪上配料，變化多種，是能取代麵包的方便作法。

壽司風蛋皮手卷

醣量	3g
蛋白質量	20.3g

越式蛋包

醣量	2.3g
蛋白質量	22.5g

蛋絲沙拉

醣量	2.2g
蛋白質量	14.6g

做好蛋皮，接著將市售商品或是
蔬菜切好擺上即可。

壽司風蛋皮手卷

●材料（4人份）

《蛋皮》

蛋 … 4顆

鹽 … 2小搓

太白粉水（太白粉與水等量混合）… 1/2小匙

《配料》

叉燒（市售）… 4片

加工起司 … 4片

水煮蝦 … 4隻

酪梨 … 1/4顆

小黃瓜 … 1/2條

鮭魚（生・生魚片用）… 1小片

泡菜 … 50g

紅葉萵苣 … 2片

青紫蘇 … 4片

●作法

① 將蛋打入大碗後攪散，加入鹽、太白粉
水後充分拌勻。

② 在小平底鍋中塗上薄薄一層油（分量外），
擦拭多餘油分後，倒入薄薄一層①的蛋
液（參考右方）。1顆蛋約可做2片蛋皮。

③ 將配料切成容易食用的大小。叉燒、加
工起司、酪梨、小黃瓜、鮭魚切成條狀。
去除水煮蝦的殼、尾。將紅葉萵苣撕成
容易捲起配料的大小。

④ 將③的配料擺放在器皿中。用另一器皿
裝②的薄蛋皮。依個人喜好，用薄蛋皮
包裹配料，捲起享用。（平岡）

薄蛋皮的作法

1 使用直徑18cm的小平
底鍋。熱鍋，用少量的
油塗抹整個鍋面，再用
廚房紙巾擦拭。祕訣是
塗抹薄薄一層油。油量
過多會使邊緣燒焦，出
現細孔，無法煎得漂亮。

2 1顆蛋可煎2片薄蛋皮，
建議每次用1顆蛋液量，
方便掌握分量。將1/2
顆蛋液鋪滿鍋面。

3 以小火煎30秒左右，邊
端掀起後，再用竹籤或
是筷子前端剝起。

4 掛在竹籤或是筷子上，
翻面時小心蛋皮破裂。

5 另一面用小火煎15秒左
右後取出。

有很多利用快炒保持脆度的蔬菜，用薄蛋皮呈現越式大阪燒。

越式蛋包

●材料（4人份）

蛋 … 4顆

薑黃粉 … I小匙

豆芽 … I袋

綜合海鮮（冷凍・解凍）… 250g

豬五花（薄片）… 4片

韭菜 … 4根

油（橄欖油等）… 適量

A｜酒 … 2小匙

｜魚露 … I大匙

｜鹽、胡椒 … 各少許

紅葉萵苣 … 4片

●作法

① 將蛋打入大碗後攪散，加入薑黃粉拌勻。豬肉、韭菜切成易食用的大小。

② 平底鍋中加入I大匙油後加熱。放入豬肉、綜合海鮮，以中火拌炒。肉色改變後，放入豆芽、韭菜，炒至保留蔬菜口感的程度。加入A調味。

③ 在另一個平底鍋（直徑約24cm）中放入I人份（I顆蛋）的蛋液，煎成薄蛋皮（參考58頁）。

④ 鋪上I/4量的②配料，對折後盛盤。配上紅葉萵苣。也可依個人喜好，搭配市售淋醬（異域風）。（平岡）

配料也可用冬粉、蟹味魚板、叉燒等。

蛋絲沙拉

●材料（4人份）

蛋 … 4顆

A｜鹽 … 2小搓

｜太白粉水（太白粉與水同量混合）… I/2小匙

雞里肌 … 4條

B｜蔥 … I/4根

｜薑（薄片）… 2片

｜酒 … 25ml

｜鹽 … I小匙

小黃瓜 … I根

青紫蘇 … 4片

C｜麻油 … I又I/2大匙

｜醋 … I大匙

｜醬油 … I又I/2大匙

｜研磨白芝麻 … I又I/2大匙

●作法

① 在鍋裡放入2杯水、B後開火。煮沸後，放入雞里肌，轉小火約煮5分鐘。關火，靜置冷卻。

② 將蛋打入大碗後攪散，加入A拌勻。製作薄蛋皮（參考58頁）。

③ 小黃瓜切成I cm寬×5cm長。青紫蘇用手撕小片。將①的雞里肌切成I/3～I/2長度後，剝絲。將②的薄蛋皮對半切後，再切成7～8mm寬。

④ 將C拌勻，製成淋醬。

⑤ 將③拌勻後盛盤，淋上④。（平岡）

燒肉萵苣可麗餅

醣量	1.5g
蛋白質量	14.6g

莎莎風味可麗餅

醣量	4.1g
蛋白質量	18.2g

豪華蛋包

醣量	4.8g
蛋白質量	17.3g

異域風味煎蛋

醣量	10g
蛋白質量	17.7g

以蛋和起司為主，無加粉的可麗餅。

燒肉萵苣可麗餅

●材料（**2**人份）

《可麗餅》

蛋（L）… 3顆

奶油起司（室溫）… 50g

起司粉 … 2大匙

泡打粉 … 1小匙

《燒肉》

牛肉（牛排用）… 200g

A | 醬油 … 2小匙

　 | 羅漢果S等甜味劑 … 1小匙

　 | 紅椒粉 … 1/2小匙

　 | 白芝麻 … 1大匙

　 | 鹽、胡椒 … 各少許

香菜、乾酪粉、紅椒粉、

美乃滋、萊姆 … 各適量

●作法

① 在大碗裡放入可麗餅的材料，用打蛋器均勻混合。

② 在平底鍋中放入少許奶油（分量外），每次放入近一勺的①，製作可麗餅皮（參考58頁的薄蛋皮）。

③ 牛肉上撒上鹽、胡椒（皆為分量外）。在平底鍋中放入少許奶油（分量外），煎熟後取出，以鋁箔紙包覆。靜置5分鐘左右後，片刀橫切。

④ 將A放入平底鍋中加熱。關火後，加入③拌勻。

⑤ 在②的可麗餅上放入④，鋪上切成一口大小的香菜、起司，撒上紅椒粉。依個人喜好加上美乃滋。配上切成半月形的萊姆。（平岡）

- -

可麗餅的煎法與薄蛋皮相同。可以捲起喜歡的食材享用。

莎莎風味可麗餅

●材料（**8**片•**4**人份）

《可麗餅》

蛋（L）… 3顆

奶油起司（室溫）… 50g

起司粉 … 2大匙

泡打粉 … 1小匙

《莎莎肉醬》

牛薄片 … 260g

橄欖油 … 1大匙

蒜（切碎）… 1瓣

A | 辣椒粉 … 2小匙

　 | 辣醬 … 1大匙

　 | 醬油 … 2小匙

酪梨（切塊）、番茄（切塊）… 各1/2顆

橡 萵苣、乾酪粉 … 各適量

●作法

① 在大碗裡放入可麗餅的材料，用打蛋器均勻混合。

② 在平底鍋中放入少許奶油（分量外），每次放入近一勺的①，製作可麗餅皮（參考58頁的薄蛋皮）。

③ 牛肉切絲。

④ 平底鍋中加入橄欖油、蒜，以小火加熱。香氣出來後放入牛肉，以中火拌炒。再加入A，炒至收汁。

⑤ 在②的可麗餅上鋪上橡葉萵苣，再放上④、酪梨、番茄、起司，包裹享用。（平岡）

雖然配料只有蔬菜，但分量十足。口感豐富。

豪華蛋包

●材料（2人份）

蛋 … 4顆

鴻喜菇 … 50g

高麗菜 … 200g

鹽 … 適量

胡椒 … 適量

起司粉 … 2小匙

芥末籽醬 … 1/2大匙

●作法

① 將鴻喜菇去蒂剝散。高麗菜用手撕成容易食用的大小。蛋攪散後，加入少許鹽、胡椒。

② 平底鍋加熱，放入鴻喜菇與高麗菜，炒至熟透。撒上1/2小匙鹽、少許胡椒。

③ 拿大一些的平底鍋加熱，鋪上一層蛋液。半熟後鋪上②，對折後盛盤。

④ 撒上起司粉，佐以芥末籽醬。（濱內）

加入蘿蔔絲乾，富含膳食纖維與鈣。

異域風味煎蛋

●材料（2人份）

豬絞肉 … 100g

蘿蔔絲乾 … 20g

蒜（切碎）… 1瓣

洋蔥（切碎）… 1/4顆

香菜（摘葉，莖的部分切碎）… 20g

A │ 魚露（或是醬油）… 2小匙
  │ 砂糖、酒 … 各1小匙

B │ 蛋液 … 2顆
  │ 鹽、胡椒 … 各少許

紅葉萵苣 … 2片

沙拉油 … 適量

●作法

① 將蘿蔔絲乾洗淨，泡水15分鐘。

② 在平底鍋中加入1小匙油後加熱。放入蒜、洋蔥拌炒。熟透後加入絞肉炒鬆。再加入瀝乾水分的蘿蔔絲乾、A、香菜莖拌炒。

③ 在②加入1/4杯水，炒至收汁後取出。

④ 稍微清洗平底鍋後，放入1/2大匙的油後加熱。鋪上拌勻後的B，半熟後放上③，對折包起。

⑤ 盛盤，擺上紅葉萵苣、香菜葉。依個人喜好也可加上甜辣醬。（藤井）

燒肉萵苣可麗餅

醣量	3g
蛋白質量	13.1g

＊上述營養成分為1/4片的量

雲朵麥面包風披薩

| 醣量 | 2.7g |
| 蛋白質量 | 12.6g |

科布沙拉

| 醣量 | 4.3g |
| 蛋白質量 | 13.4g |

在無麩質的雲朵麵包上擺上配料。

雲朵麵包風披薩

● 材料（1片‧直徑22cm）

《雲朵麵包糊》

蛋（L）… 3顆

醋 … 1小匙

A｜奶油起司（室溫）… 50g
　｜羅漢果S等的甘味劑 … 1小匙
　｜泡打粉 … 1小匙

《擺於上方的配料》

番茄醬（市售）… 3 ～ 4大匙

羅勒泥（市售）… 1 ～ 2大匙

水煮蝦、莫札瑞拉起司、披薩用起司、起司粉 … 各適量

● 作法

● 製作雲朵麵包糊

① 將蛋白與蛋黃分別放在大碗。

② 蛋白中加入醋後，以電動打蛋器打發。打發至提起時可看到尖角的蛋白霜。

③ 蛋黃中加入A，用②的電動打蛋器（可以不用清洗）攪拌至呈現偏白的奶油狀。

④ 將③加入②的蛋白霜，橡皮刮刀以切拌方式混合，盡量不讓蛋白霜消泡。

⑤ 烤盤上鋪上烘焙紙。將④的麵包糊倒入，鋪成直徑22cm的圓形。

⑥ 將⑤放入預熱160℃的烤箱，烤15 ～ 20分鐘。烤好後，放在蛋糕冷卻架上散熱。

● 烤披薩

⑦ 在⑥的雲朵麵包上塗上番茄醬，擺上水煮蝦、莫札瑞拉起司、披薩用起司，撒上起司粉，再淋上濃稠的羅勒醬。以250℃的烤箱烤5分鐘左右（平岡）。

雲朵麵包的作法

蛋白霜打發至提起時出現尖角。

用電動打蛋器將蛋黃打至偏白的奶油狀。

將蛋黃全部加進蛋白霜，橡皮刮刀以切拌方式混合，盡量不讓蛋白霜消泡。

烤盤上鋪上烘焙紙，將麵糊整成圓形。太大會讓餅皮過薄，請以直徑22cm為標準。表面不平整也沒關係。

蛋白質和蔬菜均衡搭配的人氣沙拉。

科布沙拉

●材料（3人份）

番茄（小）… 1又1/2顆

秋葵 … 1根

水煮蛋 … 1又1/2顆

橄欖（黑）… 7顆

酪梨 … 1/2顆

核桃 … 5～6顆

去殼蝦仁 … 5～6隻

小番茄（綠、橘）… 各1顆

《醬汁》

奶油起司 … 2～3大匙

美乃滋 … 2～3大匙

●作法

① 番茄縱切對半。水煮蛋剝殼後縱切對半。酪梨去皮去籽，切成半月形。小番茄切成1/2～1/3大小。

② 秋葵稍微汆燙後，切成小塊。去殼蝦仁稍微汆燙至變色後撈起。

③ 將①、②、橄欖、核桃擺盤。將醬汁材料充分混合後，放在其他容器中。（秋澤）

- -

祕訣是不完全煮熟，維持半熟狀態。

蓬鬆蛋包

●材料（1人份）

蛋 … 2顆

鹽、胡椒 … 各少許

番茄（小）… 1顆（或是小番茄 … 5～6顆）

奶油 … 15g

嫩葉生菜 … 依個人喜愛的量

●作法

① 番茄切塊。

② 蛋白和蛋黃分別放在不同碗。蛋黃中加入鹽、胡椒後拌勻。蛋白用打蛋器打發至提起時呈現尖角狀。

③ 在②的蛋黃中加入1/3蛋白混合。拌勻後加入番茄和剩餘的蛋白，用橡膠刮刀快速攪拌。

④ 平底鍋用中火加熱，奶油融化後倒入③。轉成中小火。用木鏟大幅度混合3～4次後，將表面整平。當邊緣稍微上翹，呈現褐色後，折半移至容器。佐以嫩葉生菜。（夏梅）

第7章 讓身心獲得滿足。
用蛋做道營養滿分的湯品

一個鍋子就能完成的湯品，不僅簡單，也能同時攝取到肉、海鮮等蛋白質、蔬菜的維生素以及膳食纖維等，是營養均衡的料理。加上蛋，湯品更直接升級。多做一些放在冰箱，可以保存3～4天。只要溫熱就能馬上享用，也是很好的常備料理。

滑嫩茶碗蒸

醣量	0.9g
蛋白質量	9.6g

豬肉海蘊蛋花湯

醣量	2g
蛋白質量	11.4g

中式雞蛋羹

醣量	2.4g
蛋白質量	11g

在日式餐點中會把茶碗蒸視為湯品。好好享受這滑嫩的口感吧！

滑嫩茶碗蒸

●材料（容易製作的分量・4人份）

蛋 … 3顆

雞腿肉 … 100g

香菇 … 3朵

高湯 … 450ml

薄口醬油 … 1大匙

鴨兒芹（摘葉）… 適量

＊沒有薄口醬油，也可用一般醬油1/2大匙加1/4小匙
（1.5g）鹽

●作法

① 雞肉切小塊，香菇切十字成4等分。

② 將蛋打入大碗後攪散，依序加入高湯、薄口醬油後
拌勻。蛋液過篩能讓口感更滑順。

③ 將①放入器皿（茶碗蒸的器皿，或是較小的碗）後，
倒入②。

④ 將③放入已經熱好的蒸鍋。蓋上蓋子，以大火加熱3
分鐘後，轉小火再蒸10分鐘。過程中不時開鍋蓋，
讓蒸氣散掉、調降溫度，這樣較不易產生氣泡。

⑤ 取出後擺上鴨兒芹的葉子。（平岡）

＊平底鍋的蒸法可參考右側。

用平底鍋
蒸出滑嫩茶碗蒸的作法

蛋液過篩，能讓口感更滑順。

蛋液倒至容器的7～8分滿。

蒸煮時可在容器上蓋上錫箔紙，套上橡
皮筋，避免水氣滲入。

將容器放入平底鍋，水量為容器高度的
1/3左右。蓋上蓋子，轉大火。沸騰後
轉小火，加熱約20分。不時開鍋蓋，
讓蒸氣散掉、調降溫度，較不易產生氣
泡。

海蘊的滑口就跟麵條一樣，是飽足威十足的一道餐點。

豬肉海蘊蛋花湯

●材料(2人份)

蛋 … 2顆

豬五花(薄片)… 2片

海蘊(無調味)… 50g

韭菜 … 2根

水 … 2杯

A｜酒 … 1大匙

中式高湯(顆粒)… 1小匙

日式高湯(顆粒)… 1小匙

醬油 … 2小匙

鹽、胡椒 … 各少許

●作法

① 豬肉切成容易食用的大小。韭菜切成4～5cm長。蛋打散備用。

② 在鍋中放入分量的水、A後加熱。煮沸後放入豬肉、海蘊，改以中火烹調。肉熟透後，加入韭菜再加熱1分鐘左右。

③ 倒入①的蛋液後轉大火，蛋凝固後關火。(平岡)

不加配料製作茶碗蒸，淋上羹湯享用。

中式雞蛋羹

●材料(2人份)

《茶碗蒸》

蛋 … 1顆

A｜中式高湯 … 150ml

鹽、酒 … 各少許

《羹湯》

木耳 … 1小朵

雞里肌 … 1條(50g)

青江菜 … 2片

紅椒、水煮竹筍 … 各少許

B｜中式高湯 … 1/2杯

鹽 … 1/4小匙

胡椒 … 少許

酒 … 1小匙

太白粉水(各1小匙的太白粉和水混合)

●作法

① 製作茶碗蒸(無配料)。將蛋攪散後加入A拌勻，倒入器皿中蒸煮(參考70頁)。

② 木耳泡水後，切絲。雞里肌、青江菜、紅椒切絲。竹筍切半月形。

③ 在鍋中放入B後加熱，煮沸後放入②，蓋上蓋子烹煮。熟透後加入太白粉水勾芡。

④ 將③淋在①的茶碗蒸上。(脇)

韓式豆腐鍋

醣量	13.4g
蛋白質量	32g

雞肉丸子水波蛋湯

醣量	6.1g
蛋白質量	24g

蒸蛋

醣量	1.6g
蛋白質量	10g

白菜豆苗木耳中式蛋花湯

醣量	4.2g
蛋白質量	8.8g

韓式料理具代表性的湯品。完成後再加入蛋，能讓口感更滑順。

韓式豆腐鍋

●材料（2人份）

蛋 … 2顆

蛤蜊 … 200g

嫩豆腐 … 1塊

豬五花（薄片）… 180g

白菜泡菜 … 1/2杯

A　麻油 … 2大匙

　　酒 … 1大匙

　　韓式辣椒醬 … 1大匙

　　味噌 … 1大匙

　　蒜（磨泥）… 1/2瓣

　　薑（磨泥）… 1/2拇指寬

　　辣椒粉（或一味唐辛子）… 1小匙

高湯 … 2杯

醬油 … 1又1/2大匙

＊高湯盡可能選擇昆布小魚乾風味

●作法

① 蛤蜊泡在海水程度的鹽水中1小時吐沙。豆腐切成4等分。豬肉切成容易食用的大小。

② 白菜泡菜中加入A拌勻後放入鍋內，以小火拌炒（留意不要炒焦）。炒香後放入蛤蜊、豬肉，炒至肉色改變。

③ 在②中加入高湯，轉大火。煮沸後放入醬油、豆腐，以中火煮4～5分鐘。最後再打入蛋。依個人喜好調整蛋的熟度。完成後也可依喜好撒上珠蔥粒（分量外）。（平岡）

將調味好的雞絞肉用湯匙做成雞肉丸子。

雞肉丸子水波蛋湯

●材料（2人份）

蛋 … 2顆

雞絞肉 … 150g

蔥 … 1/2根

鴻喜菇 … 1袋

菠菜 … 1/2把

A　蒜（磨泥）… 2小匙

　　麻油 … 2小匙

　　醬油 … 2小匙

　　鹽、胡椒 … 各少許

水 … 2杯

B　高湯（固狀）… 1塊

　　酒 … 1大匙

　　醬油 … 2小匙

　　鹽 … 少許

●作法

① 將雞絞肉、A放入大碗攪拌。

② 蔥斜切薄片。鴻喜菇去蒂剝散。菠菜用熱水汆燙後瀝乾，切成3～4cm長。

③ 在鍋中放入分量的水、B後開火。煮沸後，以小湯匙挖起①的雞肉放入，以中火加熱。當雞肉丸子浮起後，加入②，約煮3分鐘。

④ 煮好後打入蛋，煮到喜好的熟度。（平岡）

韓式茶碗蒸。有氣孔也沒關係，不妨挑戰看看。

蒸蛋

●材料（2人份）

蛋 … 3顆

A｜水 … 450ml
　｜中式高湯（顆粒）… 2小匙

薄口醬油 … 2小匙

鹽 … 少許

珠蔥（切粒）、白芝麻 … 各適量

麻油 … 2小匙

＊沒有薄口醬油，可以用醬油1小匙加入少
許鹽

●作法

① 將A拌勻備用。

② 蛋打入大碗後攪散。依序加入①、薄口醬油、
鹽，充分攪拌，過篩。

③ 將②倒入容器，放入加熱好的蒸鍋。蓋上蓋子，
以大火蒸20分鐘左右。如果用平底鍋，請放入
容器1/3高的水量，蓋上蓋子，以大火蒸12分
鐘左右（參考70頁）。

④ 蒸好後，撒上白芝麻、蔥，淋上麻油。（平岡）

富含膳食纖維的湯品。加入蛋花簡單提升蛋白質。

白菜豆苗木耳中式蛋花湯

●材料（2人份）

蛋 … 2顆

白菜 … 3片

豆苗 … 1/3袋

木耳（乾燥）… 8g

水 … 2杯

A｜酒 … 1大匙
　｜醬油 … 1大匙
　｜麻油 … 2小匙
　｜中式高湯（顆粒）… 2小匙
　｜鹽、胡椒 … 各少許

●作法

① 木耳浸泡在水裡20分鐘左右後，切成容易食用
的大小。白菜切成容易食用的大小。豆苗去除
根部後，切成4～5cm長。蛋打散備用。

② 在鍋中放入分量的水、A後開火。煮沸後，放入
木耳、白菜。白菜熟透後，加入豆苗，再加熱1
分鐘左右。

③ 淋上①的蛋液後加熱，當蛋凝固後關火。（平岡）

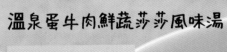

溫泉蛋牛肉鮮蔬莎莎風味湯

醣量	13.6g
蛋白質量	19.3g

水煮蛋黑輪

醣量	4.2g
蛋白質量	24.2g

豬五花番茄蛋花湯

醣量	4.2g
蛋白質量	12.2g

干貝豆芽蛋花湯

醣量	4g
蛋白質量	24.7g

加入肉、豆類、蔬菜，一到就能滿足口腹之慾。也可當常備菜。

溫泉蛋牛肉鮮蔬莎莎風味湯

●材料（2人份）

溫泉蛋 … 2顆

牛邊角肉 … 80g

綜合豆（水煮罐頭・瀝乾水分）… 100g

蔥 … 1/2根

甜椒（紅）… 1/4顆

蒜（壓碎）… 1瓣

月桂葉（非必要）… 1片

橄欖油 … 2小匙

A │ 水 … 3杯

　│ 水煮番茄（罐頭・壓碎）… 1/2罐

　│ 酒 … 1大匙

辣椒粉 … 2小匙

奧勒岡（乾燥）… 2小匙

●作法

① 牛肉切成容易食用的大小。蔥斜切成薄片。紅椒切成7～8mm寬。

② 在鍋中放入橄欖油、蒜、月桂葉，開小火，熱油後加入蔥拌炒。放入綜合豆、紅椒、牛肉後稍微拌炒。

③ 加入A，以中小火燉煮15分鐘左右。以少許辣椒粉、奧勒岡粉、鹽、胡椒調味（分量外）。

④ 盛盤後，放上溫泉蛋。（平岡）

黑輪煮好後，先冷卻入味。

水煮蛋黑輪

●材料（3人份）

蛋 … 6顆

油豆腐 … 2塊

蒟蒻絲結 … 6個

海帶結 … 6個

A │ 高湯 … 5杯（1000ml）

　│ 酒 … 50ml

　│ 醬油 … 4大匙

　│ 鹽 … 1/2小匙

●作法

① 製作水煮蛋，剝殼（參考7頁）。

② 熱水汆燙油豆腐，約20秒左右後瀝乾，切成4等分。

③ 在鍋中放入A、海帶結後，開中火。煮沸後，放入①、②、蒟蒻絲結，改以小火，在不煮沸的狀況下煮30分鐘。

④ 關火後冷卻至體溫左右入味。再開火，溫熱後盛盤。（平岡）

用培根或香腸取代豬肉也很美味。

豬五花番茄蛋花湯

●材料（2人份）

蛋 … 2顆

豬五花（薄片）… 2片

水煮番茄（罐頭·壓碎）… 1/3罐

滑菇 … 1/2袋

蔥 … 2根

水 … 2杯

A｜日式高湯（顆粒）… 1小匙

　｜醬油 … 1大匙

　｜酒 … 1大匙

　｜鹽 … 少許

●作法

① 豬肉切成3cm寬。蛋打散備用。蔥切成粒狀。

② 在鍋中放入分量的水、A後開火。煮沸後放入水煮番茄燉煮。再次煮沸後，放入豬肉、滑菇，煮到肉熟透。

③ 稍微開大火，淋上①的蛋液，蛋花凝固後關火。盛盤，撒上蔥花。（平岡）

干貝罐頭連同湯汁一起使用，會讓湯頭更美味。

干貝豆芽蛋花湯

●材料（2人份）

蛋 … 2顆

水煮干貝（罐頭·含湯汁）… 1罐（70g）

豆芽 … 1/2袋

水 … 2杯

A｜酒 … 2大匙

　｜醬油 … 1大匙

　｜昆布茶 … 1小匙

　｜日式高湯（顆粒）… 1小匙

麻油 … 2小匙

●作法

① 在鍋中放入分量的水、A後開火。煮沸後，將連同湯汁的水煮干貝、豆芽放入，煮的同時剝散干貝。

② 豆芽熟透後，稍微開大火。淋上蛋液，當蛋凝固後關火。最後再淋上麻油。（平岡）

醣量	6.9g
蛋白質量	14.9g

醣量	3.2g
蛋白質量	11.9g

加入納豆和蛋的味噌湯。適合當作低醣早餐。

春菊水波蛋納豆湯

●材料(**2人份**)

春菊 … 1/2把

蛋 … 2顆

碎納豆 …（小）1盒

高湯 … 3杯

味噌 … 3大匙

●作法

① 春菊去除根部較硬處後，切成3cm長。

② 在鍋中放入高湯後開火。煮沸後加入春菊、納豆，以中火煮2分鐘左右。

③ 加入味噌後攪散，轉小火。將蛋慢慢打入，以極小火將蛋煮到喜愛的硬度。（瀨尾）

比日式茶碗蒸扎實的口感。用烤箱料理。

青花菜火腿西式茶碗蒸

●材料(**2人份**)

蛋 … 2顆

青花菜 … 1/4顆（50g）

火腿 … 3片

鮮奶 … 70ml

鮮奶油 … 50ml

鹽 … 1/4小匙

胡椒 … 少許

●作法

① 青花菜放入加了少許鹽（分量外）的熱水，汆燙1分鐘左右後，用篩子瀝乾水分，切成容易食用的大小。

② 將蛋打入大碗後攪散，加入鮮奶、鮮奶油、鹽、胡椒後充分拌勻，過篩。

③ 將青花菜、火腿放入耐熱器皿（焗烤盤等）中，再倒入②。

④ 將③放在烤盤上，並在烤盤中注入1/3器皿高的熱水。烤箱以160℃約烤15分鐘。取出後稍微散熱。（平岡）

蛋是「低醣」吃了不會胖的食物

蛋適合用於減重嗎？含有什麼營養呢？1天吃1顆以上也沒關係嗎？
關於蛋與健康、蛋與減重的關係，就來問問將飲食療法導入身心治療的
Brain Care 診所——今野裕之醫師吧！

蛋幾乎不含醣。是不會發胖的食品之一。

提到蛋，似乎有很多人覺得膽固醇過高、會發胖。其實蛋很適合用於減重。

1顆蛋的熱量是76kcal，或許比1根小黃瓜14kcal、1顆番茄29kcal來得多，所以沒多大的感覺。不過，說到醣量，1顆蛋才0.1g，幾乎是零！前面提到的小黃瓜，醣量是2g，番茄則為5.6g。所以，蛋的含醣量真的很低，是食品中的前段班！從這個角度來看，蛋比我們認為適合減重的食品更不容易發胖。

攝取過多的醣是造成肥胖的原因

「醣」在營養學上是碳水化合物扣掉膳食纖維後的部分。由於膳食纖維屬於微量，一般將碳水化合物視為醣量，其實也不為過。醣量高的食品，除了零食、油炸點心類、甜飲外，還有米飯、麵包、麵類等主食類。如果攝取過量，就會造成肥胖。

醣量與肥胖的關係？

醣會在胃腸被消化、分解而成葡萄糖，再送往肝臟。在肝臟中，一部分會以糖原的形式（體內所製造出來的一種糖）儲存，剩餘的則為了進入細胞產生能量而被釋放到血液中。

葡萄糖進入細胞時，必須借用胰臟所分泌的胰島素。

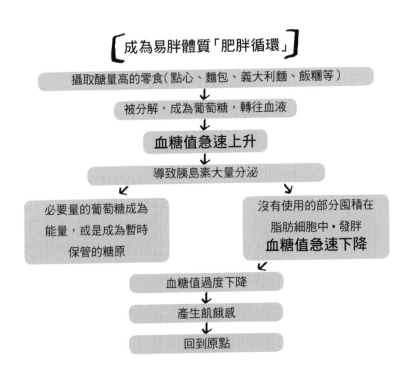

多餘的醣會成為體脂肪

飲食中攝取過多的醣，會讓血糖值（血液中的糖濃度）急速上升。導致胰島素大量分泌，回收血液中的葡萄糖。不過，細胞的容量固定，只會吸收所需部分。於是胰島素就會將多餘的葡萄糖轉變成中性脂肪，不斷囤積在脂肪細胞中。這就是肥胖機制。胰島素又稱為「肥胖荷爾蒙」。

攝取過多的醣，就會進入肥胖循環

分泌大量的胰島素會導致血糖值過度下降。當血糖值下降到某程度，我們就會出現飢餓感。所以一下子就覺得餓，於是隨手拿點心、麵包等果腹。一直無法從肥胖的負面循環中脫離。

利用蛋擺脫肥胖循環。成為苗條體質

這時候，就是幾乎不含醣的「蛋」該上場的時機了！

若能在飲食生活上善用蛋，就能減去多餘的醣量。當體內沒有多餘的醣，就不會囤積在脂肪細胞中。這樣一來就能脫離肥胖循環。此外，當體內醣量不足，就會切換成透過燃燒體脂肪獲得能量的迴路，讓身體自然而然變成苗條體質。

此外，蛋也含有美麗肌肉線條的來源——蛋白質，並且富含能提高代謝，營造出苗條體質的維生素類。在營養面上也是減重的幫手。

從改變零食開始吧！

首先，試著把零食改成蛋吧！像是，普通1個紅豆餡麵包的醣量是43g，大約是13塊方糖的量！只要換成水煮蛋，減重效果就會很顯著！不會讓血糖值急速上升，也有飽足感，可以輕鬆脫離肥胖循環，將飲食生活切換到苗條循環。此外，將米飯（1碗醣量55g）或是義大利麵（1人份醣量59g）等等的主食改成蛋包，也是減醣的方法。

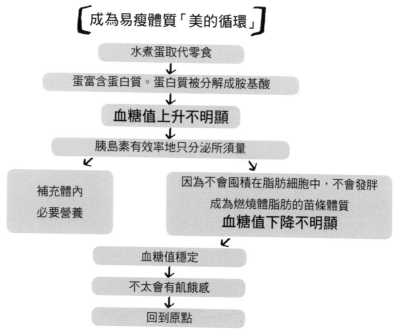

成為易瘦體質「美的循環」

水煮蛋取代零食
↓
蛋富含蛋白質。蛋白質被分解成胺基酸
↓
血糖值上升不明顯
↓
胰島素有效率地只分泌所須量
↓

補充體內
必要營養

因為不會囤積在脂肪細胞中，不會發胖
成為燃燒體脂肪的苗條體質
血糖值下降不明顯
↓
血糖值穩定
↓
不太會有飢餓感
↓
回到原點

蛋又被稱為「完全食品」，是營養豐富的優質食物

雖然知道蛋有營養，究竟是那些營養成分呢？

對人體有什麼幫助呢？

接下來，來認識蛋所含的營養成分吧！蛋其實是讓人驚豔的食材喔！

透過蛋，幾乎可以攝取膳食纖維以及維生素C之外的所有營養

蛋含有蛋白質、脂質、維生素A、維生素B群、維生素D、葉酸、鈣、鋅、鐵等等，幾乎含有維生素C與膳食纖維以外的所有營養素。

蛋白質含量，更是豆腐的兩倍以上。維生素以及礦物質類，與同為動物性食品的豬肉相比，鐵是三倍、維生素A是二十五倍、維生素E是二・五倍、葉酸是二十一・五倍，雞蛋獲得壓倒性的勝利（可以參考右頁的圖表與內容）。

蛋富含能生成肌肉、肌膚、血液等等的蛋白質

蛋白質是人體不可或缺的營養素。生成人體的成分，60%左右是水分、18%左右是蛋白質、17%左右是脂質，其他則為礦物質和醣類。其中以蛋白質最重要。我們吃肉、蛋，蛋白質會被分解成胺基酸。胺基酸會在體內重新轉換成肌肉、器官、皮膚，以及血液、荷爾蒙等等的原料。

蛋含有滿分的蛋白質。含有人體所需的所以必需胺基酸

自然界中發現五百種左右的胺基酸。不過，生成人體的蛋白質僅有二十種。其中九種無法在人體合成，必須透過飲食攝取，稱為「必須胺基酸」

而這九種胺基酸全部能透過雞蛋攝取。

此外，以數值表示食品的蛋白質營養價值評定──「胺基酸分數」──中，蛋的數值是「100」！這就是蛋含有所有必需胺基酸，在食品中，無論質或是量，都很優秀的證據。

用雞蛋減重。胺基酸能生成肌肉，提高基礎代謝

在82頁中提到蛋的醣量很低，是最適合用於減重，吃了不會發胖的食材。不過，蛋的減重效果可不只如此！

應該有聽過基礎代謝吧！基礎代謝是指在不運動的情況下所消耗的最低能量，大約佔一天所消耗的能量的六～七成。由於基礎代謝主要在肌肉中進行，所以肌肉量多的人，基礎代謝就會較高。換言之，能量消耗大＝不易胖的體質。

肌肉的生成與胺基酸（蛋白質）相關。不少人只要控制醣量，確實攝取蛋、肉等富含蛋白質的食品，自然而然就會生成肌肉。胺基酸中，尤其能促成肌肉生成，抑制肌肉分解的是，屬於必須胺基酸的異白胺酸、白胺酸、纈胺酸，以及非必須胺基酸的麩醯胺酸、精胺酸等，而這些都能透過蛋攝取。

含有量比・蛋白質（g）
肌肉、皮膚、毛髮、血液、荷爾蒙等，是生成人體細胞的主要原料。

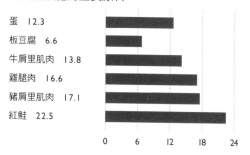

蛋 12.3	
板豆腐 6.6	
牛肩里肌肉 13.8	
雞腿肉 16.6	
豬肩里肌肉 17.1	
紅鮭 22.5	

0　6　12　18　24

含有量比・維生素A（μg）
讓皮膚、黏膜更堅韌。除了有美肌的功效外，也是提高免疫力不可或缺的營養素。

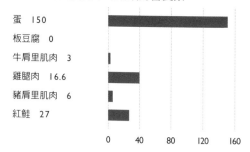

蛋 150	
板豆腐 0	
牛肩里肌肉 3	
雞腿肉 16.6	
豬肩里肌肉 6	
紅鮭 27	

0　40　80　120　160

含有量比・維生素B2（mg）
可以轉換成皮膚、黏膜等細胞，與能量代謝息息相關。

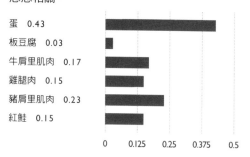

蛋 0.43	
板豆腐 0.03	
牛肩里肌肉 0.17	
雞腿肉 0.15	
豬肩里肌肉 0.23	
紅鮭 0.15	

0　0.125　0.25　0.375　0.5

含有量比・維生素E（mg）
防止體內細胞膜的氧化與老化。也具有促進血液循環的功效。

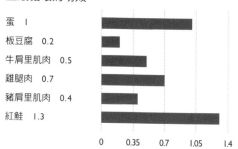

蛋 1	
板豆腐 0.2	
牛肩里肌肉 0.5	
雞腿肉 0.7	
豬肩里肌肉 0.4	
紅鮭 1.3	

0　0.35　0.7　1.05　1.4

含有量比・葉酸（μg）
具有幫助DNA合成的重要功能，是製造血液不可或缺的營養素。

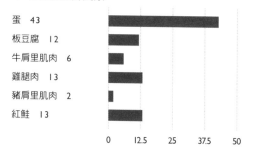

蛋 43	
板豆腐 12	
牛肩里肌肉 6	
雞腿肉 13	
豬肩里肌肉 2	
紅鮭 13	

0　12.5　25　37.5　50

含有量比・鐵（mg）
是製造紅血球中血紅素的主要成分。如果不足就會造成貧血。

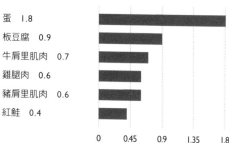

蛋 1.8	
板豆腐 0.9	
牛肩里肌肉 0.7	
雞腿肉 0.6	
豬肩里肌肉 0.6	
紅鮭 0.4	

0　0.45　0.9　1.35　1.8

含有量比・鋅（mg）
與蛋白質合成、基因表現等，和細胞的新陳代謝有關。

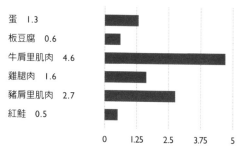

蛋 1.3	
板豆腐 0.6	
牛肩里肌肉 4.6	
雞腿肉 1.6	
豬肩里肌肉 2.7	
紅鮭 0.5	

0　1.25　2.5　3.75　5

以上圖表為100g食品的含量（以日本食品標準成分表　第七訂計算）

含有量比・鈣（mg）
除了生成骨骼、牙齒外，在神經運作、肌肉運動方面，對生命維持具有重要功能。

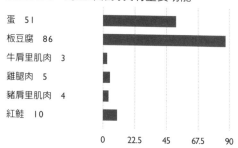

蛋 51	
板豆腐 86	
牛肩里肌肉 3	
雞腿肉 5	
豬肩里肌肉 4	
紅鮭 10	

0　22.5　45　67.5　90

蛋可以吃一天一顆以上。
不會因為餐點讓膽固醇升高

應該有聽過「一天超過喔顆蛋，膽固醇就會升高」。
不過，近年卻顯示就算吃膽固醇含量高的食品，對血中膽固醇並不會造成影響。
日本厚生勞動省於二〇一五年撤除了日本人飲食攝取標準中的膽固醇上限值。為什麼呢？
接著來認識蛋裡的膽固醇吧！

以膽固醇作為理由，對蛋敬而遠之，實在太可惜了！

　　營養成分表顯示蛋裡含有不少的膽固醇（一顆蛋210mg）。也因為如此，我們長期對蛋有所誤解。

　　到二〇一〇年版為止，厚生勞動省所公布的日本人飲食攝取標準中，確實設定一日膽固醇的攝取目標量（男性750mg未滿、女性600mg未滿）。不過，從二〇一五年版開始，已經取消了目標量，也就是**移除膽固醇攝取的上限**。

　　移除上限的理由是，認定高膽固醇食品的攝取量與動脈硬化、心臟病、腦中風等疾病無關，失去原本設定目標值的根據。

身體的膽固醇中有八成會在體內合成，只有兩成會透過飲食攝取

膽固醇究竟是什麼呢？膽固醇是脂質的一種，其實是由肝臟所合成的脂質。體重五十公斤的人，一天會在體內製造600～650mg。
人體所需的膽固醇中，有70～80%會在肝臟製造，其餘20～30%則是透過飲食攝取。

［ 膽固醇的作用 ］

構成身體六十兆細胞的
細胞膜

製造腦神經細胞

男性荷爾蒙的原料

女性荷爾蒙的原料

消化脂肪的消化液
膽汁酸的原料

修復血管膜，
強化血管

腎上腺各種荷爾蒙
的原料

體內生成維生素D
的原料

身體具備讓膽固醇量維持一定的超強功能

很重要的是，**身體會調節體內膽固醇的量，使其維持一定。**

如果飲食中攝取過多的膽固醇，肝臟生成膽固醇的量就會減少。反之，如果飲食中攝取過少的膽固醇，肝臟生成膽固醇的量就會增加。身體具備讓膽固醇量維持一定量的調節功能。因此，**不是說高膽固醇食物就會讓血中膽固醇提高。**

膽固醇是身體所有細胞的外膜原料

膽固醇的主要角色就是擔任據說有六十兆細胞的細胞膜、腦，以及神經細胞、荷爾蒙等的原料。因此，腦、神經系統、肌肉、皮膚等處含有許多膽固醇。

膽固醇又分成LDL膽固醇與HDL膽固醇兩種。前者也被稱為壞膽固醇，後者被稱為好膽固醇。不過，那是錯誤的觀念。

LDL負責搬運血管等各組織所需的膽固醇，HDL則負責將多餘的膽固醇回收至肝臟，兩者都是重要的膽固醇。

膽固醇不足會使免疫力降低。產生各種疾病。

由於膽固醇是細胞膜的原料，如果不足，就無法製造健全強韌的細胞膜。當做為身體內部與外部界線的細胞膜的防禦功能降低，**對抗病毒、細菌的抵抗力就會變差。**進而容易感染感冒、流感、腸胃炎等，使疾病不容易治癒等免疫力降低，以及容易疲勞等體力衰退的症狀趨於明顯。此外，血管、荷爾蒙、肌膚、毛髮，甚至是精神狀態等，都可能出現各種不適或是疾病。

透過蛋料理，簡單就能營養滿分。每日攝取有助健康

雖然我們會擔心膽固醇過高的問題，其實膽固醇過低所帶來的風險更大。其實也有數據顯示，膽固醇稍微偏高，反而較長壽。以實惠的價格就能攝取到營養，蛋真的是很優質的食品。不要以膽固醇作藉口，對蛋敬而遠之，每日攝取，為健康加分吧！

＊如果被診斷為家族性高膽固醇血症、脂質代謝異常症，以及接受飲食指導中，請依據主治醫師的建議。

〔 膽固醇不足的話 〕

免疫力降低

皮膚粗糙・皮膚乾燥

老化

腸胃問題

容易疲勞

食慾不振

經期不順或經期疼痛

不孕

睡不著

情緒低落或不穩定

自律神經、精神上的失調，
都能透過飲食改善

82～87頁介紹調整醣類過量的飲食，利用雞蛋等確實攝取蛋白質、維生素、礦物質，包含減重在內，
許多有益健康的內容。
接下來，要談談飲食改善對心理層面的影響。

血糖值上下波動大，攸關心理層面與自律神經

　　血糖值是表示血液中糖濃度的數值。攝取糖分較高的食物，血糖值就會快速上升，導致降低血糖值的荷
爾蒙——胰島素——大量分泌，反而促使血糖值快速降低。

　　當血糖值降到某程度之下，我們就會有飢餓感。此時攝取食物，就會讓血糖值再度飆升，接著再急速降低。

　　如果血糖值像雲霄飛車，生理與心理就無法安定。平時就很常攝取零食、麵包、飯糰等含糖量高的食物，
餐點以碳水化合物為中心的人要特別留意。因為會伴隨出現情緒劇烈起伏、無法集中、浮躁、想睡、不安等等，
心理層面的各種波動。

讓內心沉穩的用餐模式。首先，要留意醣類的攝取方式

　　要穩定浮動的內心，飲食是關鍵。首先，請留意每日醣類的攝取，抑制血糖值的波動吧！

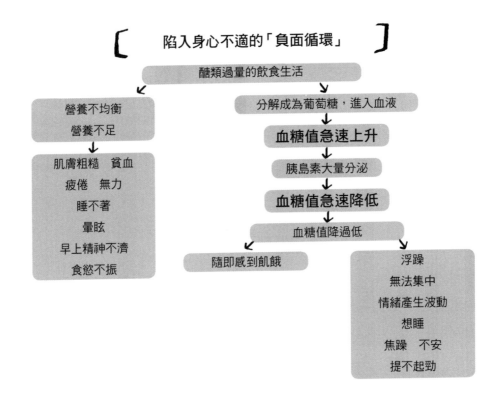

像是，早餐並不適合攝取甜麵包。試著調整成雞蛋料理＆沙拉等等的食物吧！感到飢餓時，也不要吃零食。改吃水煮蛋、堅果類等，醣類較低的食物！此外，也戒除甜飲，改喝水或是茶。當醣類不過量，血糖值就不會急速上升，胰島素只會分泌適當的量。由於血糖值保持在緩和的曲線上，情緒自然能安定，維持沉穩的心理狀態。

確實攝取蛋白質。身體強健，心理也能保持健康

當心理的波動穩定後，就要補充心理的營養。心理營養與身體相同，基本上就是蛋白質。部分女性會因為健康考量，選擇以蔬菜為中心，對動物性蛋白質敬而遠之，導致蛋白質攝取量偏少。

84頁也曾提到，蛋白質不只能製造肌肉，也是攸關血液、荷爾蒙、消化酵素、神經傳達物質等等的營養素。

製造血液，就能將氧、營養傳送到全身。而讓消化酵素增加，就能讓腸胃狀況變好。換言之，透過蛋白質奠定身體的根基，心理自然就會變健康。

確實攝取營養。是身心保健的關鍵

緩和心理不安的血清素、讓大腦放鬆的GABA等等的腦內傳達物質，都是由蛋白質所合成。不過，那些過程中都需要維生素B群、鐵等等的維生素以及礦物質。而蛋、肉、魚都富含這些營養素。其中當鐵不足時，就容易產生疲勞感或無力感。女性會在經期中流失鐵質，因此容易出現不足，要特別留意。

提到心理不適，雖然容易聯想到情緒問題或是性格等等。其實很多都源自不健康的飲食生活。建議先重新檢視自己的飲食生活！

本書的主角——蛋，除了蛋白質外，也富含能提高免疫力的維生素A、促進新陳代謝的維生素B2與鋅、能預防貧血的葉酸與鐵、優化血液循環的維生素E。很適合納入飲食改善計畫中。

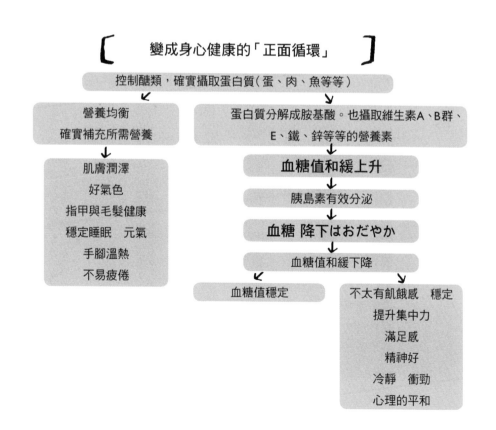

關於蛋的Q & A

雖然蛋是平易近人的食材，我們對蛋仍有不了解的地方。
不再被錯誤資訊左右，正確了解蛋，讓蛋對我們的健康發揮應有功效吧！
我們來問問以「森林之蛋」聞名的雞蛋品牌ISE食品吧！

**Q1 蛋殼有紅色的也有白色的，
營養價值會不一樣嗎？**

　　蛋殼顏色的差異是因為雞的種類不同。雞的羽毛顏色若屬於褐色、黑色，會生出褐殼蛋。羽毛若是白色的雞，則會生出白殼蛋。比較特別的是，名為阿拉卡那的雞種，會生出淡綠色殼的蛋。

　　一般會認為褐殼蛋售價較高，營養價值應該也比較高，其實營養價值完全相同。價格差異是因為生產褐殼蛋的雞，體型較大，飼料量較多，以及產蛋量較少等等。

**Q2 蛋有分S、M、L，
有什麼不同嗎？**

　　蛋的大小，像是M指的是58g以上未滿64g，L是64g以上未滿70g。日本的農林水產省會依重量不同，細分成SS到LL。大顆蛋的蛋白多於小顆蛋的蛋白，這就是蛋的重量出現差異的原因。

　　另外，剛開始生蛋的年輕雞隻也會生出S尺寸的小型蛋。之後，隨著雞隻成長，所生的蛋就會慢慢變大。不過雞隻每次生的蛋，尺寸上還是會有些微的差異。最近受歡迎的有商標的蛋、有品牌的蛋，一盒中也會混入MS~LL不同尺寸的蛋。（編按：以上為日本現狀）

Q3 購買時,
應該怎麼挑選呢?

A 首先,確認蛋殼上是否有裂痕、是否有髒污。

其次要仔細檢查外盒上所記載的資訊。購買時,特別要確認的是賞味期限。**蛋的賞味期限就是蛋能夠安心「生食的期限」,以生蛋後到二十一天內為原則。不過,只憑賞味期限,並無法判斷蛋的新鮮度。若能購買也標註包裝日期的商品,會更理想。**

此外,有些包裝上除了賞味期限外,也會說明營養成分、雞隻的飼育環境等等,還有商家所堅持的理念、品質的差異等等。仔細確認外包裝的資訊後再購買吧!

Q4 如何判斷蛋
新不新鮮呢?

A 打蛋後直接看蛋白的狀態會比較好判斷。

蛋白有稱為「濃蛋白」,較為濃稠的部分,以及稱為「稀蛋白」,比較水的部分。濃蛋白具有伴隨時間(鮮度降低)變成稀稀水水的性質。所以,**打蛋後,蛋白群聚堆高表示新鮮,若是蛋白流散則表示鮮度降低。**

此外,新鮮雞蛋的蛋白含有很多「二氧化碳」,所以蛋白會呈現白色混濁狀。而那些二氧化碳會伴隨時間從蛋殼上的氣孔流散。

Q5 蛋的保存是常溫還是冷藏呢？

 　　從生吃雞蛋的日本飲食文化來看，日本的食品衛生法規定盡可能保存在10℃以下。超市等地方很多都不是放在冷藏櫃販售，所以也有人覺得蛋也能常溫保存。不過，那是因為店內的空調讓環境維持在某程度。一般家庭的狀況就不同了。因此蛋買回家後，還是冷藏保存吧！

Q6 在冰箱的保存方式是什麼？
　　　從盒子取出會比較好嗎？

 　　放入冰箱時，請維持包裝，直接放在冰箱中合適的位置。這就是保存蛋最好的方式。

　　關於冰箱內的位置，請避免放在冷風吹出口，因為會直接吹到冷風，導致雞蛋結凍。

　　另外，也請避免把蛋從包裝盒中取出，擺在冰箱門邊的層架上。如果從盒子取出，會讓冰箱內的細菌沾附在蛋殼上，造成雞蛋的損壞。而冰箱門邊的層架則會因為開門關門產生震動，讓雞蛋出現裂痕或破掉。

Q 7 雞隻的飼料不同，
會影響到蛋的味道、顏色、營養價值嗎？

雞蛋的蛋黃顏色、味道、營養價值，確實與雞隻的飼料息息相關。舉例來說，蛋黃的黃色來自玉米的顏色，當飼料中混入甜椒，蛋黃就會帶點橘。如果以飼料米代替玉米，蛋黃就會偏白。

此外，伴隨添加魚油、魚粉等等的飼料，像是不飽和脂肪酸DHA等等，有助於預防生活習慣病、維持健康的營養素含量就會較多，讓蛋的營養價值提高、味道較豐富。

Q 8 如果擔心食物中毒菌（沙門氏菌），
消費者該如何自保？

雞蛋務必保存於冰箱，生食時，請遵守外包裝記載的賞味期限。如果有疑慮，導致食物中毒的沙門氏菌可以透過75℃加熱1分鐘以上殺菌。因此可以將蛋黃、蛋白充分加熱至凝固後食用。

所訪問的ISE食品，為預防食物中毒菌（沙門氏菌）的感染，採取密閉式，隔離外來細菌侵襲的雞舍，當日生產的雞蛋會以運送帶收集、清洗、檢查後才包裝。嚴格的管理過程中不會有人觸碰到蛋。換言之，第一次觸碰到雞蛋的，就是拆開包裝的消費者。

Q9 特賣便宜的蛋跟貴的蛋，會有差別嗎？
對便宜雞蛋的安全與品質有疑慮。

A 蛋也是生鮮食品，所以跟蔬菜等相同，會隨季節、需求調整價錢。**雞蛋價格的漲跌是受雞蛋市場影響。**

比較冷時，會因為關東煮、火鍋等餐食而提高蛋的需求量，市場價格就會提高。反之，夏天食慾衰退、對生食雞蛋敬而遠之，導致對蛋的需求量減少，市場價格就會變便宜。因此，價格與品質優劣無關。**日本國內流通的雞蛋，幾乎100%全是國內產。**國內生產的雞蛋會依據飼料安全法，對產蛋雞絕不使用抗生素、抗菌劑，所以都很安全。

而所謂的「品牌蛋」、「商標蛋」，是因為雞隻的飼料強化了蛋的營養價值，或是雞隻飼育方式不同等等，增加了符合消費者需求的附加價值，而以定價販售。（編按：以上為日本現狀）

Q10 料理雞蛋時要留意什麼呢？

A 雞蛋對溫度變化敏感。從冰箱取出放置在室溫，沒多久就會在蛋殼表面出現水氣。**水氣是發霉的原因。**因此，要使用雞蛋時，建議不要整盒取出，只取需要用到的顆數。就算拿出整盒，取出所需的量後，也要盡速放回冷藏。

為了防止細菌增生，要料理蛋之前，再將所需的蛋打破，不要事先全打破備用。要吃的時候再料理。

Q 11　過了賞味期限的蛋還能吃嗎？
可以食用的期限大約多長？

　　蛋的外包裝上記載的賞味期限表示在冰箱10℃以下保存，可以安心生食的期限。**超過期限雖然仍可食用，但不要生食，務必加熱調理。**加熱時，也要避免半熟狀態，蛋黃、蛋白都要完全加熱！

　　超過賞味期限的雞蛋，會因為氣溫或是冰箱溫度等的保存條件而有不同，不過，以超過期限後一週內為限，請盡早食用完畢吧！另外，關於水煮蛋的保存，煮透（外殼無裂痕）可在冰箱保存三～四天。與生雞蛋相比，生雞蛋的保存時間較長。

　　蛋液也能冷凍，不過容易繁殖細菌，所以不建議一般家庭採用冷凍保存。

Q 12　想問問蛋商，最能品嚐出雞蛋美味
的吃法或是烹調的祕訣是什麼？

空氣感蛋拌飯
作法：
將蛋黃與蛋白分開。
在熱騰騰的飯上加上蛋白，用筷子攪拌。祕訣是攪拌至蛋白黏稠感消失，出現像蛋白霜般的空氣感。
接著放上事先取出的蛋黃。讓蛋黃液流出，依喜好淋上醬油。

水煮蛋用稍微不新鮮的蛋會比較好剝殼
新鮮的蛋白含有較多的二氧化碳，讓蛋白和蛋殼間沒有空隙。產蛋後一週左右，二氧化碳會逐漸消散，讓蛋白和蛋殼間出現空隙，所以會比較好剝殼。

雞蛋減重：

豐富的蛋白質和營養素是減醣最強後盾！

卵やせ

國家圖書館出版品預行編目（CIP）資料

雞蛋減重：豐富的蛋白質和營養素是減醣最強後盾！／今野裕之監修；
余亮闓譯 . -- 初版 . -- 臺北市：健行文化出版；九歌發行，2020.04
96 面；18.2×25.7 公分 . -- (i 健康；46)
譯自：卵やせ
ISBN 978-986-98541-5-3（平裝）

1. 蛋食譜
427.26 109002426

監　　修 —— 今野裕之
譯　　者 —— 余亮闓
攝　　影 —— 大井一範、梅澤仁、白根正治、鈴木信吾、
　　　　　　鈴木雅也、千葉充、山田洋二、
　　　　　　主婦之友社攝影部
烹　　調 —— 平岡淳子
料　　理 —— 石澤清美、伊藤玲子、岩崎啟子、大越鄉子、
　　　　　　大庭英子、柴田真希、瀨尾幸子、田川朝惠、
　　　　　　夏梅美智子、浜內千波、藤井惠、Marie 秋澤、
　　　　　　脇雅世
編輯　營養計算 —— 杉帖伸香
編輯助理 —— 大井彩冬、崎川菜摘（主婦之友社）
負責編輯 —— 宮川知子（主婦之友社）
責任編輯 —— 曾敏英
發 行 人 —— 蔡澤蘋
出　　版 —— 健行文化出版事業有限公司
　　　　　　台北市 105 八德路 3 段 12 巷 57 弄 40 號
　　　　　　電話／02-25776564・傳真／02-25789205
　　　　　　郵政劃撥／0112263-4

九歌文學網　www.chiuko.com.tw

排　　版 —— 綠貝殼資訊有限公司
印　　刷 —— 前進彩藝有限公司
法律顧問 —— 龍躍天律師・蕭雄淋律師・董安丹律師
發　　行 —— 九歌出版社有限公司
　　　　　　台北市 105 八德路 3 段 12 巷 57 弄 40 號
　　　　　　電話／02-25776564・傳真／02-25789205
初　　版 —— 2020 年 4 月
定　　價 —— 360 元
書　　號 —— 0208046
Ｉ Ｓ Ｂ Ｎ —— 978-986-98541-5-3